Forschung und Praxis

Band 169

Berichte aus dem
Fraunhofer-Institut für Produktionstechnik
und Automatisierung (IPA), Stuttgart,
Fraunhofer-Institut für Arbeitswirtschaft
und Organisation (IAO), Stuttgart,
Institut für Industrielle Fertigung und
Fabrikbetrieb der Universität Stuttgart und
Institut für Arbeitswissenschaft und
Technologiemanagement, Universität Stuttgart

Herausgeber: H. J. Warnecke und H.- J. Bullinger

Walter Michael Strommer

Verfahren zum automatischen Palettieren von quaderförmigen Packstücken im beliebigen Sortenmix

Mit 47 Abbildungen

Springer-Verlag
Berlin Heidelberg New York
London Paris Tokyo
Hong Kong Barcelona
Budapest 1992

Dipl.-Inform. Walter Michael Strommer
Fraunhofer-Institut für Produktionstechnik und Automatisierung (IPA), Stuttgart

Prof. Dr.-Ing. Dr. h. c. Dr.-Ing. E. h. H. J. Warnecke
o. Professor an der Universität Stuttgart
Fraunhofer-Institut für Produktionstechnik und Automatisierung (IPA), Stuttgart

Prof. Dr.-Ing. habil. Dr. h. c. H.-J. Bullinger
o. Professor an der Universität Stuttgart
Fraunhofer-Institut für Arbeitswirtschaft und Organisation (IAO), Stuttgart

D 93

ISBN-13: 978-3-540-55922-1   e-ISBN-13: 978-3-642-47860-4
DOI: 10.1007/ 978-3-642-47860-4

Dieses Werk ist urheberrechtlich geschützt. Die dadurch begründeten Rechte, insbesondere die der Übersetzung, des Nachdrucks, des Vortrags, der Entnahme von Abbildungen und Tabellen, der Funksendung, der Mikroverfilmung oder der Vervielfältigung auf anderen Wegen und der Speicherung in Datenverarbeitungsanlagen, bleiben, auch bei nur auszugsweiser Verwertung, vorbehalten. Eine Vervielfältigung dieses Werkes oder von Teilen dieses Werkes ist auch im Einzelfall nur in den Grenzen der gesetzlichen Bestimmungen des Urheberrechtsgesetzes der Bundesrepublik Deutschland vom 9. September 1965 in der jeweils gültigen Fassung zulässig. Sie ist grundsätzlich vergütungspflichtig. Zuwiderhandlungen unterliegen den Strafbestimmungen des Urheberrechtsgesetzes.
© Springer-Verlag, Berlin, Heidelberg 1992.

Die Wiedergabe von Gebrauchsnamen, Handelsnamen, Warenbezeichnungen usw. in diesem Werk berechtigt auch ohne besondere Kennzeichnung nicht zu der Annahme, daß solche Namen im Sinne der Warenzeichen- und Markenschutz-Gesetzgebung als frei zu betrachten wären und daher von jedermann benutzt werden dürften.

Sollte in diesem Werk direkt oder indirekt auf Gesetze, Vorschriften oder Richtlinien (z. B. DIN, VDI, VDE) Bezug genommen oder aus ihnen zitiert worden sein, so kann der Verlag keine Gewähr für die Richtigkeit, Vollständigkeit oder Aktualität übernehmen. Es empfiehlt sich, gegebenenfalls für die eigenen Arbeiten die vollständigen Vorschriften oder Richtlinien in der jeweils gültigen Fassung hinzuzuziehen.

Gesamtherstellung: Copydruck GmbH, Heimsheim
62/3020-6 5 4 3 2 1 0

Geleitwort der Herausgeber

Futuristische Bilder werden heute entworfen:

o Roboter bauen Roboter,

o Breitbandinformationssysteme transferieren riesige Datenmengen in Sekunden um die ganze Welt.

Von der "menschenleeren Fabrik" wird da gesprochen und vom "papierlosen Büro". Wörtlich genommen muß man beides als Utopie bezeichnen, aber der Entwicklungstrend geht sicher zur "automatischen Fertigung" und zum "rechnerunterstützten Büro". Forschung bedarf der Perspektive, Forschung benötigt aber auch die Rückkopplung zur Praxis - insbesondere im Bereich der Produktionstechnik und der Arbeitswissenschaft.

Für eine Industriegesellschaft hat die Produktionstechnik eine Schlüsselstellung. Mechanisierung und Automatisierung haben es uns in den letzten Jahren erlaubt, die Produktivität unserer Wirtschaft ständig zu verbessern. In der Vergangenheit stand dabei die Leistungssteigerung einzelner Maschinen und Verfahren im Vordergrund. Heute wissen wir, daß wir das Zusammenspiel der verschiedenen Unternehmensbereiche stärker beachten müssen. In der Fertigung selbst konzipieren wir flexible Fertigungssysteme, die viele verkettete Einzelmaschinen beinhalten. Dort, wo es Produkt und Produktionsprogramm zulassen, denken wir intensiv über die Verknüpfung von Konstruktion, Arbeitsvorbereitung, Fertigung und Qualitätskontrolle nach. Rechnerunterstützte Informationssysteme helfen dabei und sollen zum CIM (Computer Integrated Manufacturing) führen und CAD (Computer Aided Design) und CAM (Computer Aided Manufacturing) vereinen. Auch die Büroarbeit wird neu durchdacht und mit Hilfe vernetzter Computersysteme teilweise automatisiert und mit den anderen Unternehmensfunktionen verbunden. Information ist zu einem Produktionsfaktor geworden, und die Art und Weise, wie man damit umgeht, wird mit über den Unternehmenserfolg entscheiden.

Der Erfolg in unseren Unternehmen hängt auch in der Zukunft entscheidend von den dort arbeitenden Menschen ab. Rationalisierung und Automatisierung müssen deshalb im Zusammenhang mit Fragen der Arbeitsgestaltung betrieben werden, unter Berücksichtigung der Bedürfnisse der Mitarbeiter und unter Beachtung der erforderlichen Qualifikationen. Investitionen in Maschinen und Anlagen müssen deshalb in der Produktion wie im Büro durch Investitionen in die Qualifikation der Mitarbeiter begleitet werden. Bereits im Planungsstadium müssen Technik, Organisation und Soziales integrativ betrachtet und mit gleichrangigen Gestaltungszielen belegt werden.

Von wissenschaftlicher Seite muß dieses Bemühen durch die Entwicklung von Methoden und Vorgehensweisen zur systematischen Analyse und Verbesserung des Systems Produktionsbetrieb einschließlich der erforderlichen Dienstleistungsfunktionen unterstützt werden. Die Ingenieure sind hier gefordert, in enger Zusammenarbeit mit anderen Disziplinen, z. B. der Informatik, der Wirtschaftswissenschaften und der Arbeitswissenschaft, Lösungen zu erarbeiten, die den veränderten Randbedingungen Rechnung tragen.

Beispielhaft sei hier an den großen Bereich der Informationsverarbeitung im Betrieb erinnert, der von der Angebotserstellung über Konstruktion und Arbeitsvorbereitung, bis hin zur Fertigungssteuerung und Qualitätskontrolle reicht. Beim Materialfluß geht es um die richtige Auswahl und den Einsatz von Fördermitteln sowie Anordnung und Ausstattung von Lagern. Große Aufmerksamkeit wird in nächster Zukunft auch der weiteren Automatisierung der Handhabung von Werkstücken und Werkzeugen sowie der Montage von Produkten geschenkt werden.

Von der Forschung muß in diesem Zusammenhang ein Beitrag zum Einsatz fortschrittlicher intelligenter Computersysteme erfolgen. Planungsprozesse müssen durch Softwaresysteme unterstützt und Arbeitsbedingungen wissenschaftlich analysiert und neu gestaltet werden.

Die von den Herausgebern geleiteten Institute, das

- Institut für Industrielle Fertigung und Fabrikbetrieb der Universität Stuttgart (IFF),

- Fraunhofer-Institut für Produktionstechnik und Automatisierung (IPA),

- Fraunhofer-Institut für Arbeitswirtschaft und Organisation (IAO)

arbeiten in grundlegender und angewandter Forschung intensiv an den oben aufgezeigten Entwicklungen mit. Die Ausstattung der Labors und die Qualifikation der Mitarbeiter haben bereits in der Vergangenheit zu Forschungsergebnissen geführt, die für die Praxis von großem Wert waren. Zur Umsetzung gewonnener Erkenntnisse wird die Schriftenreihe "IPA-IAO - Forschung und Praxis" herausgegeben. Der vorliegende Band setzt diese Reihe fort. Eine Übersicht über bisher erschienene Titel wird am Schluß dieses Buches gegeben.

Dem Verfasser sei für die geleistete Arbeit gedankt, dem Springer-Verlag für die Aufnahme dieser Schriftenreihe in seine Angebotspalette und der Druckerei für saubere und zügige Ausführung. Möge das Buch von der Fachwelt gut aufgenommen werden.

H. J. Warnecke · H.-J. Bullinger

Vorwort

Die vorliegende Arbeit entstand während meiner Tätigkeit als wissenschaftlicher Mitarbeiter am Fraunhofer-Institut für Produktionstechnik und Automatisierung (IPA), Stuttgart.

Herrn Professor Dr.-Ing. Dr. h.c. mult. H. J. Warnecke danke ich für seine wohlwollende Unterstützung und Förderung der Arbeit.

Herrn Professor Dr.-Ing. G. Pritschow danke ich für die Durchsicht der Arbeit und für die Übernahme des Mitberichts.

Allen beteiligten Mitarbeitern des Institutes danke ich für ihre Unterstützung. Besonderer Dank gebührt den Herren Dr.-Ing. I. Geißinger, Dr.-Ing. E. Degenhart, Dipl.-Ing. H. Volz für die kritischen Diskussionen und anregende Kritik sowie den Herren Prof. Dr.-Ing. R. D. Schraft und Dr.-Ing. M. Schweizer für ihre Förderung.

Stuttgart, im Juni 1992   Walter Michael Strommer

Alles was du tun willst, kannst du nicht igendwann tun, sondern du mußt *jetzt gleich* damit beginnen und es *wirklich wollen*. Dabei fordere viel von dir selbst und erwarte wenig von anderen.

Inhaltsverzeichnis

		Seite
	Abkürzungen und Formelzeichen	12
1	**Einleitung**	**15**
1.1	Problemstellung	15
1.2	Zielsetzung	16
1.3	Vorgehensweise	17
2	**Stand der Technik**	**18**
2.1	Begriffe und Definitionen	18
2.2	Ausgangssituation	21
2.2.1	Morphologie des Palettierens	21
2.2.2	Morphologie der Packstückstapel	24
2.2.3	Anwendungsbereiche für Palettiersysteme	25
2.2.4	Marktübersicht der Palettierroboter und -automaten	27
2.2.5	Palettieren von Packstücken im Sortenmix	29
2.3	Analyse der Ansätze zum Erzeugen von Packmustern beim automatischen Palettieren von Packstücken im Sortenmix	30
2.3.1	Ansätze zum Palettieren bei bekannter Kommission	31
2.3.2	Ansätze zum Palettieren bei nicht bekannter Kommission	32
2.4	Bewertung der Ansätze zum automatischen Palettieren von Packstücken im Sortenmix	34
3	**Entwicklungsschwerpunkte**	**35**
3.1	Folgerung aus der Analyse der Ausgangssituation	35
3.2	Pflichtenheft für ein Verfahren zum automatischen Palettieren von Packstücken im beliebigen Sortenmix	35
3.3	Vorüberlegungen für ein Verfahren zum automatischen Palettieren von Packstücken im beliebigen Sortenmix	37

Seite

4	**Entwicklung von Strategien für die Heuristik zum automatischen Palettieren von Packstücken im beliebigen Sortenmix**	**41**
4.1	Definition der Koordinatensysteme beim Palettieren	41
4.2	Betrachtungen zum Raumverschnitt	42
4.3	Strategien zur Grobpositionierung von Packstücken	44
4.3.1	Plazieren des ersten Packstücks	44
4.3.2	Plazieren des zweiten Packstücks	47
4.3.2.1	Folgepackstück mit annähernd gleicher Höhe	47
4.3.2.2	Folgepackstück mit größerer Höhe	49
4.3.2.3	Folgepackstück mit niedrigerer Höhe	53
4.3.3	Folgerungen aus den bereits abgeleiteten Strategien für das Plazieren weiterer Packstücke	54
4.3.4	Bilden von neuen Ebenen	54
4.3.5	Plazieren von Packstücken auf bereits palettierten Packstücken	57
4.3.6	Überbrücken von größeren Lücken	60
4.3.7	Bilden von bündigen Außenkanten	61
4.3.8	Zusammenfassung der Grobpositionierungsstrategien	62
4.4	Strategien zur Feinpositionierung von Packstücken	63
4.4.1	Mögliche Positionen auf einer Setzfläche	63
4.4.2	Freies Setzen eines Packstücks auf andere	65
4.4.3	Setzen bei einseitiger Begrenzung	66
4.4.4	Setzen bei zweiseitiger Begrenzung	67
4.4.5	Setzen bei drei- bzw. vierseitiger Begrenzung	69
4.4.6	Strategie zur Stabilitätserhöhung	71
4.4.7	Zusammenfassung der Feinpositionierungsstrategien	72
4.5	Gewichtungskriterien für die entwickelten Palettierstrategien	73
4.5.1	Vorüberlegungen zum paarweisen Vergleich der Grobpositionierungsstrategien	73
4.5.2	Ableitung von Gewichtungskriterien durch paarweisen Vergleich	74
4.5.3	Implementierungsspezifische Betrachtungen für die Gewichtungskriterien	75

Seite

5 Untersuchung der Leistungsdaten des entwickelten Palettieralgorithmus   **77**

5.1   Implementierung des Palettieralgorithmus und Visualisierung der erreichten Ergebnisse   77

5.2   Packstückspektrum der Untersuchung   79

5.3   Arbeitsweise des Palettieralgorithmus am Beispiel einer Europalette   80

5.4   Durchschnittlich erreichter Ladungsträgerfüllgrad   83

5.5   Einfluß der Größe des Packstückpuffers auf den erreichten Ladungsträgerfüllgrad   84

5.6   Einfluß des Kippens der Packstücke auf den erreichten Ladungsträgerfüllgrad   85

6 Erprobung des entwickelten Algorithmus innerhalb einer Palettierzelle am Beispiel der Europalette   **87**

6.1   Beschreibung der Systemkomponenten des Versuchsaufbaus   87

6.2   Ablaufbeschreibung des Versuchsaufbaus   90

6.3   Leistungsdaten des Versuchsaufbaus   92

6.4   Erprobung des entwickelten Palettieralgorithmus   92

6.5   Bewertung der durchgeführten Arbeiten   94

7 Zusammenfassung und Ausblick   **95**

8 Literaturverzeichnis   **98**

Abkürzungen und Formelzeichen

Großbuchstaben

3D		Dreidimensional
A_a, A_b, A_c, A_d	[cm²]	Flächeninhalte von Setzflächen
ANSI		American National Standards Institute
B	[cm]	Breite
BAPS		Bewegungs- und Ablauf-Programmiersprache
C	[cm]	Konstante
Conf.		Conference
DIN		Deutsches Institut für Normung
DM		Deutsche Mark
F	[%]	Ladungsträgerfüllgrad
GB		Giga Byte (2^{48} Byte)
H	[cm]	Höhe
I		aktuelle Anzahl der Packstücke auf dem Ladungsträger
I/O		Input / Output
IBM		International Business Machines Corporation
IIE		Institute of Industrial Engineers
Int.		International
IPLS		Interactive Pallet Loading System
IR		Industrieroboter
ISO		International Organization for Standardization
ISBN		International Standard Book Number
J		aktuelle Anzahl der Raumverschnitte auf dem Ladungsträger
JIT		Just in Time
L	[cm]	Länge
MB		Mega Byte (2^{32} Byte)
OPAN		Optimale Packstückanordnung
OR		Operations Research
Pal.		Palette(n)
PC		Personal-Computer
Proc.		Proceedings
PTT		Post Telegramm Telefon
R_j	[cm³]	Raumverschnitt j
S_a, S_b, S_c, S_d	[cm]	Flächenschwerpunktsabstände zweier Packstücke
SPARC		Scalable Processor Architecture

SPIE		The International Society for Optical Engineering
THM		Transporthilfsmittel
U.S.		United States
VDI		Verein Deutscher Ingenieure
VDE		Verband Deutscher Elektrotechniker
VMEbus		Versa Module Europe bus
X_L	[cm]	Länge des Ladungsträgers
X_a, X_b, X_c, X_d	[cm]	Längenmaße
X_i	[cm]	Länge des i-ten Packstücks auf dem Ladungsträger
$X_{i,p}$	[cm]	Überdeckungslänge zwischen dem i-ten und p-ten Packstück
X_p	[cm]	Länge des p-ten Packstücks im Puffer
X_s	[cm]	Länge des Setzplatzes auf der Ladeeinheit
Y_L	[cm]	Breite des Ladungsträgers
Y_a, Y_b, Y_c, Y_d	[cm]	Breitenmaße
Y_i	[cm]	Breite des i-ten Packstücks auf dem Ladungsträger
$Y_{i,p}$	[cm]	Überdeckungsbreite zwischen dem i-ten und p-ten Packstück
Y_p	[cm]	Breite des p-ten Packstücks im Puffer
Y_s	[cm]	Breite des Setzplatzes auf der Ladeeinheit
Z_L	[cm]	Höhe der Ladung auf dem Ladungsträger
Z_i	[cm]	Höhe des i-ten Packstücks auf dem Ladungsträger
Z_p	[cm]	Höhe des p-ten Packstücks im Puffer

Kleinbuchstaben

a, b, c, d	Indizes für verschiedene Längen-, Breiten- und Höhenmaße
cm	Zentimeter
h	Stunde
i	Index für die Packstücke auf dem Ladungsträger
i. a.	im allgemeinen
j	Index für die Raumverschnitte auf dem Ladungsträger
kg	Kilogramm
m	Meter
m/s	Meter pro Sekunde
mm	Millimeter
o. B. d. A.	ohne Beschränkung der Allgemeinheit
p	Index für die Packstücke im Packstückpuffer
s	Sekunde
u. v. m.	und viele(s) mehr

griechische Symbole

δ kleinstes Maß des kleinsten Packstücks (i. a. die Höhe)

$\epsilon_x, \epsilon_y, \epsilon_z$ Meßgenauigkeit oder Bandbreite für Länge, Breite und Höhe, innerhalb der zwei Maße als gleich anzusehen sind

mathematische Symbole

°	Gradzeichen für Winkelangaben
s	Standardabweichung einer Stichprobe
$\bar{x}$	Mittelwert einer Stichprobe
$\|x\|$	Betrag von x
$\sum_{i=1}^{n} x_i$	Summe aller x_i von i gleich 1 bis n
$\sqrt{x}$	Quadratwurzel von x
$\forall$	Allquantor
$\exists$	Existenzquantor
$\mathbb{N}$	Wertebereich der natürlichen Zahlen
$\wedge, \vee$	Verknüpfungsoperator (und, oder)
$\in$	Elementoperator
$X \parallel Y$	X ist parallel zu Y
%	Prozent
$+, -, *, /$	Grundrechenoperatoren (plus, minus, mal, geteilt)
$<, >, \gg$	Relationsoperatoren (kleiner, größer, sehr viel größer)
$=, \leq, \geq, \neq$	Vergleichsoperatoren (gleich, kleiner gleich, größer gleich, ungleich)

1 Einleitung

1.1 Problemstellung

Die steigenden Ansprüche des Verbrauchers /1/, die Reduzierung der Kapitalbindung in den Lagern des Handels /2/ und der steigende Wettbewerb zwischen den Logistik-Dienstleistern hinsichtlich Lieferservice führt bezüglich der Packstückzusammensetzung zu immer komplexeren Aufträgen /3/.

Die Konsumgüter in den Industriestaaten werden durch die steigende Verwendung von Kunststoffen immer leichter, so daß die traditionelle Gewichtskalkulation zur Optimierung der Ladeeinheiten immer mehr durch die volumenorientierte Optimierung abgelöst wird. Dies führt zu weiter steigenden Logistikkosten, die je nach Branche zwischen 10 % und 40 % des Umsatzes betragen /4/. In mehreren Untersuchungen wurde nachgewiesen, daß eine 5 %ige Steigerung der Volumenauslastung einer Ladeeinheit eine etwa 10 %ige Senkung der Logistikkosten zur Folge hat /5/.

Zusätzlich führt die wirtschaftliche Entwicklung der letzten Jahre bei Unternehmen zu einer Spezialisierung auf wenige bzw. ein zu fertigendes Produkt. Die Kundennachfragen werden zunehmend differenzierter und müssen über immer größere Entfernungen bedient werden. Diese beiden Faktoren führen zu ständig steigenden Gütermengen vom Erzeuger über Verteilzentren zum Kunden. Der neu aufkommende Leergutfluß in umgekehrter Richtung zum Erzeuger /6/, verursacht durch die Verpackungsverordnung /7, 8/ und die zunehmende Internationalisierung und Globalisierung der Logistik mit steigendem Warenaustausch zwischen Ost und West /9, 10/, lassen die Gütermenge zusätzlich steigen.

Die Standardisierung der notwendigen Transporthilfsmittel (THM) führte zu einer drastischen Reduzierung der Variantenvielfalt /11/, wobei sich die Flachpalette vom innerbetrieblichen zum universellen Transporthilfsmittel entwickelt hat /12/. Kombiniert mit Rolluntersätzen /13/ lassen sich Ein- und Auslagerungsvorgänge und das Be- und Entladen von LKW's leichter automatisieren. Die Europalette als standardisierte Flachpalette /14, 15/ erlaubt ein rationelles Handhaben der Ladeeinheiten bei der Anlieferung, der Lagerhaltung und beim Abtransport /16/.

Die schwere körperliche Arbeit beim manuellen Palettieren wurde durch Hebe- und Umsetzhilfen wesentlich erleichtert. Das Bilden von Ladeeinheiten wurde weiter automatisiert, so daß heute eine Vielzahl von Palettierautomaten und Palettierroboter verfügbar sind.

Alle bekannten Palettiersysteme und Computerprogramme /17/ bilden Reihen, Teillagen oder ganze Lagen, die anschließend bis zur maximalen Stapelhöhe der Palette übereinander gesetzt werden /13/. Diese zweistufige Vorgehensweise zum Bilden von Ladeeinheiten ist bei Packstücken völlig unterschiedlicher Abmessungen nicht anwendbar, da sich im allgemeinen keine Lagen oder Teillagen bilden lassen.

Die Bandbreite der industriellen Anwendungen für Palettierroboter reicht, bei im voraus bekannter Kommission, von der Elektroindustrie bis zum Lebensmittelgroßhandel und bei unbekannter Kommission von der Post über Paketdienste bis zur Bahn.

Wird aus der im Vorfeld bekannten Kommission das Palettiermuster der Ladeeinheit berechnet, müssen die Packstücke dem Palettierroboter in der berechneten Reihenfolge bereitgestellt werden. Die Anzahl der Positionen je Auftrag und die Stückzahl je Position schwanken immer mehr. Daher wird die Vorausplanung des Palettiermusters und die reihenfolgegerechte Bereitstellung der Packstücke immer aufwendiger.

Für die Mehrzahl der Anwendungen in Verteilzentren kann eine exakte Zuführreihenfolge einzelner Packstücke an der Palettierendstelle nicht gewährleistet werden. Bei Paketdiensten und der Post sind die Kommissionen im voraus überhaupt nicht bekannt.

In allen diesen Fällen ist für eine automatische Palettierendstelle ein schneller on-line Palettieralgorithmus notwendig, welcher, beim Ankommen des nächsten Packstücks, den Setzplatz auf dem Ladungsträger berechnet.

1.2 Zielsetzung

In der vorliegenden Arbeit wird ein Algorithmus entwickelt, der Packmuster für quaderförmige Packstücke im beliebigen Sortenmix on-line generieren kann. Der Algorithmus soll in der Lage sein

- ❑ Setzplätze für Packstücke mit beliebiger Abmessung,
- ❑ mit mindestens derselben Stundenleistung wie ein Mensch und
- ❑ mit mindestens dem manuell erreichten Palettenfüllgrad zu berechnen.

Damit können die bislang ausschließlich manuell betriebenen Palettierendstellen für nicht sortenreine Kommissionen in Verteilzentren, wie beispielsweise bei der Post und bei Paketdiensten, wirtschaftlich automatisiert werden.

1.3 Vorgehensweise

Um die beschriebene Zielsetzung zu erreichen, wird wie folgt vorgegangen :

- Ausgehend vom Stand der Technik werden die Eigenschaften der verschiedenen Palettenstapel und der Palettierverfahren dargestellt sowie deren Eignung zum Palettieren von Packstücken im beliebigen Sortenmix untersucht.

- Die existierenden Ansätze zum automatischen Palettieren von quaderförmigen Packstücken im beliebigen Sortenmix werden analysiert, bewertet und bestehende Entwicklungsdefizite aufgezeigt.

- Die Setzstrategien für Packstücke zum Erreichen eines hohen Füllgrades werden erarbeitet und deren unterschiedliche Anwendbarkeit in bestimmten Situationen dargestellt.

- Die Funktionsfähigkeit und Leistungsfähigkeit des Algorithmus wird an einer realen Palettierzelle demonstriert und die erreichten Füllgrade einander gegenübergestellt.

2 Stand der Technik

2.1 Begriffe und Definitionen

Wichtige Definitionen zum begrifflichen Einordnen und Abgrenzen des Palettierens (*Bild 1*):

- **Logistik** bedeutet die systematische Gestaltung, Steuerung, Regelung und Überwachung sämtlicher Materialströme, die in, durch und aus einer Industrie-, Handels-, Dienstleistungs- oder Verkehrsunternehmung fließen /18/.

- Der **Materialfluß** ist die Verkettung aller Vorgänge beim Gewinnen, Be- und Verarbeiten sowie der Verteilung von Gütern innerhalb eines bestimmten Bereichs. Im einzelnen gehören die Vorgänge Bearbeiten, Prüfen, Handhaben, Fördern, Aufenthalt und Lagern zum Materialfluß /19/.

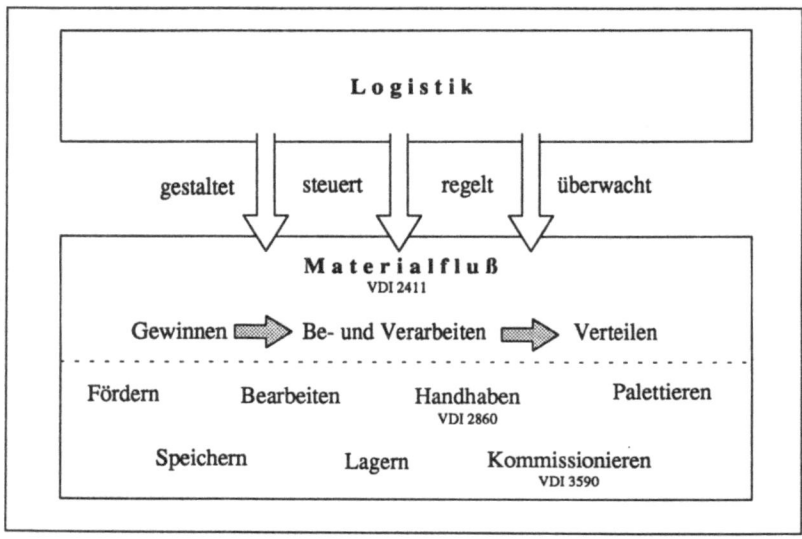

Bild 1: *Einordnung des Palettierens in den Materialfluß*

- Unter **Kommissionieren** versteht man nach VDI 3590 /20/ das Zusammenstellen von bestimmten Teilmengen (Artikeln) aus einer bereitgestellten Gesamtmenge (Sortiment) aufgrund von Bedarfsinformationen (Aufträgen).

Eingebettet in den betrieblichen Materialfluß als Teil der Gesamtfunktion Verteilen (Logistik, Distribution) stellt Kommissionieren in der Regel den Übergang von einer sortenreinen Lagerung zu einem sortenunreinen Verbrauch (z. B. Produktion, Montage, Versand) dar.

- **Handhaben** ist neben Fördern und Lagern eine Teilfunktion des Materialflußes und beinhaltet nach VDI 2860 /21/ das Schaffen, das definierte Verändern oder das vorübergehende Aufrechterhalten einer vorgegebenen räumlichen Anordnung von geometrisch bestimmten Körpern in einem Bezugskoordinatensystem.

Die folgenden Begriffe und Definitionen sind zum Beschreiben des Stands der Technik von Bedeutung (*Bild 2*) :

- Ein **Stückgut** nach DIN 30781 /22/ ist ein individuelles Gut, das stückweise gehandhabt wird und stückweise in die Transportinformation eingeht.

- **Ladeeinheiten** sind Güter, die zum Zweck des Umschlags durch einen Ladungsträger zusammengefaßt sind.

- Der **Ladungsträger** ist ein tragendes Mittel zur Zusammenfassung von Gütern zu einer Ladeeinheit. Oftmals wird die Ladeeinheit nach dem betreffenden Ladungsträger benannt (z. B. Palette, Rollcontainer). Neben seitlich nicht begrenzten Ladungsträgern (Europaletten) sind auch zweifach (Lebensmittelrollbehälter) und dreifach begrenzte Ladungsträger (Postcontainer) üblich. Die Ladeeinheiten sind großteils staplerfähig oder rollbar und in seltenen Fällen kranbar /22/.

- Eine **Ladung** ist eine Menge von Gütern oder Ladeeinheiten auf einer Transportmitteleinheit. Die Ladungen werden oftmals mit **Ladeeinheitssicherungsmitteln** zusammengehalten /22/.

- Ein **Packstück** bzw. **Paket** nach DIN 55405 /23/ ist das Ergebnis der Vereinigung von Packgut und Verpackung und ist besonders für den Transport bzw. Einzelversand geeignet. Die Mehrheit der Packstücke ist quader- oder zylinderförmig.

- **Packmittel** sind Erzeugnisse aus Packstoff, die dazu bestimmt sind, Packgüter zu umhüllen oder zusammenzuhalten, damit sie versand-, lager- und verkaufsfähig sind. Wobei **Packstoffe** die Werkstoffe sind, aus denen die Packmittel bzw. die Packhilfsmittel hergestellt werden /23/.

- Ein **Sortenmix** liegt vor, falls zwei oder mehrere, in ihrer Abmessung verschiedene Packstücke auf einen Ladungsträger gepackt werden sollen.

- Ein **Packstücksortiment** ist eine Menge von im voraus nach Art und Abmessung bekannter Packstücke. Ein Packstücksortiment kann modular abgestimmt sein, so daß sich aus der Kombination von einzelnen Packstücken die Abmessungen anderer Packstücke aus dem Sortiment bilden lassen. Das Bilden von füllgradoptimierten Ladeeinheiten ist mit einem Packstücksortiment leichter möglich, bedingt aber oft eine schlechtere Nutzung innerhalb des Packstücks.

- **Industrieroboter (IR)** sind universell einsetzbare Bewegungsautomaten mit mehreren Achsen, deren Bewegungen hinsichtlich Bewegungsfolge und Weg, bzw. Winkel frei (d. h. ohne mechanische Eingriffe) programmierbar und gegebenenfalls sensorgeführt sind /21/.

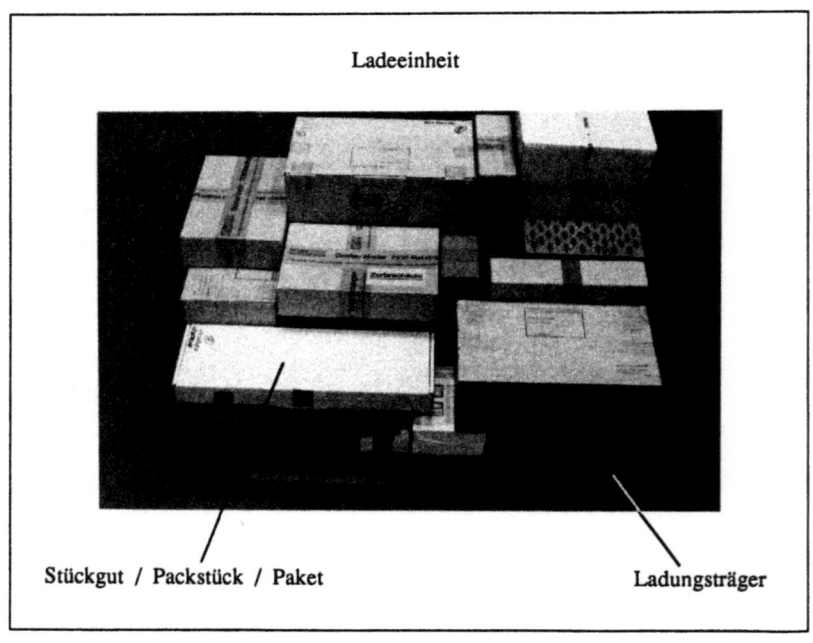

Bild 2: Begriffe zum Stand der Technik (Ladung im Sortenmix)

- ❑ Unter dem Begriff **Industrierobotersystem** werden Industrieroboter, Endeffektor(en), Sensoren sowie alle weiteren Peripheriekomponenten, die benötigt werden, um die jeweilige Aufgabe auszuführen, zusammengefaßt /24/.

- ❑ Unter **Raumverschnitt** sollen Volumina in der Ladeeinheit verstanden werden, die nicht von Packstücken eingenommen werden und auch nicht mehr durch andere Packstücke belegt werden können.

2.2 Ausgangssituation

Die Aufwendungen für Logistik betragen bis zu 40 % des Umsatzes, wobei innerhalb des Materialflußes im Bereich Kommissionieren das größte Rationalisierungspotential liegt /25/.

Beim Palettieren von Packstücken auf Ladungsträger kommen unterschiedliche Verfahren vom manuellen Betrieb bis zum vollautomatischen Palettierroboter zum Einsatz. Abhängig von den Vor- und Nachteilen eignen sie sich für paletten- und/oder lagenreine Palettierung einer Packstückart oder für das Palettieren von Packstücken im Sortenmix.

Das zu palettierende Packstücksortiment und die Abgestimmtheit der Packstückmaße untereinander hat großen Einfluß auf das angewandte Palettierverfahren und den durchschnittlich erreichten Palettenfüllgrad.

Die Anforderungen der Anwender von Palettiersystemen (Fertigungsbetriebe, Versandhäuser, Kühlhäuser, Post, u. v. m.) an den zu erreichenden Füllgrad und die Stabilität der Palettenstapel lassen sich den Möglichkeiten der am Markt verfügbaren Systeme gegenüberstellen.

2.2.1 Morphologie des Palettierens

Packstücke werden entweder manuell, teilautomatisch oder von Palettierautomaten bzw. Industrierobotern vollautomatisch zu Ladeeinheiten zusammengestellt /26/. Die verschiedenen Palettierarten weisen unterschiedliche Eigenschaften auf (*Bild 3*) :

- ❑ Beim **manuellen Palettieren** laufen Packstücke in Arbeitshöhe in den Palettierbereich ein. Die Packstücke werden auf ebenerdig stehende Paletten abgestapelt. Der durchschnittliche Palettenfüllgrad hängt weitgehend vom Geschick des Werkers ab und liegt bei der Deutschen Bundespost bei durchschnittlich 70 %. Aus arbeitsphysiologischer Sicht sollten nicht mehr als 10 Paletten pro Tag gebildet werden /13/.

- ❏ Für das **teilautomatische Palettieren** wird nach wie vor der Mensch für das Zusammenstellen der Ladeeinheit eingesetzt. Durch die Nutzung von konventionellen technischen Hilfsmitteln wird der Arbeitsablauf erleichtert und somit die Palettierleistung erhöht. Zu den Hilfseinrichtungen zählen Hubeinrichtungen für die Packstücke und höhenverstellbare Palettenablageplätze. Erlaubt das Packstückspektrum das Bilden von einzelnen Lagen, so werden die Lagen auf Rollenbänder zusammengestellt und mit einem Stapelblech auf die Palette gesetzt /13/. Auf diese Weise wird der Mensch wesenlich entlastet. Trotzdem sollte die Tagesleistung pro Person nicht über 30 Paletten pro Tag liegen.

- ❏ Bei **Palettierautomaten** werden die Packstücke aufgrund des sehr hoch eingestuften konstruktiven und steuerungstechnischen Aufwands nicht unmittelbar auf die Position innerhalb des Stapels gesetzt. Der Vorgang wird ablauftechnisch zweigeteilt /13/. Die zu palettierenden Packstücke werden zunächst in Gruppen separiert und gemäß dem gewünschten Palettiermuster in Reihen und dann zu Lagen zusammengeführt. Anschließend werden die Lagen auf die Palette gesetzt. Die Leistung von Palettierautomaten liegt zwischen 1500 und 3000 Packstücken pro Stunde und kann bei Hochleistungspalettierern bis 6000 Packstücke pro Stunde erreichen. Die hohe Leistung von etwa 0,5 s pro Packstück ist nur durch das gleichzeitige Aufstapeln von mehreren Packstücken möglich und setzt gleiche Packstückhöhen und lagenweises Palettieren voraus. Das beliebige Zusammenstellen von Packstücken unterschiedlicher Abmessung zu einer stabilen Ladeeinheit wird auch in Zukunft die Möglichkeiten eines Palettierautomaten überschreiten /13/.

- ❏ Das **Palettieren mit Hilfe von Industrierobotern** mit einer Leistung von 400 bis 600 Packstücken pro Stunde /27/ ist durchaus mit der Arbeitsleistung eines Menschen vergleichbar /28/, wird aber nicht in ernsthafte Konkurrenz zum Palettierautomaten treten /13/. Auf der anderen Seite bietet der Industrieroboter als Palettiersystem neben dem Mensch die höchste Flexibilität und steht somit als einziges Gerät zur Automatisierung des Palettierens von Packstücken im beliebigen Sortmix zur Verfügung. Der Industrieroboter benötigt außerdem wenig Aufstellfläche und es besteht die Möglichkeit, eine Mehrpalettenanlage aufzubauen /29/. Für einfache Packmuster /30/ stellen Industrieroboter besondere Palettierfunktionen zur Verfügung /31, 32/ oder sie werden von einem übergeordneten Rechner mit den Daten des Palettiermusters versorgt /33, 34/.

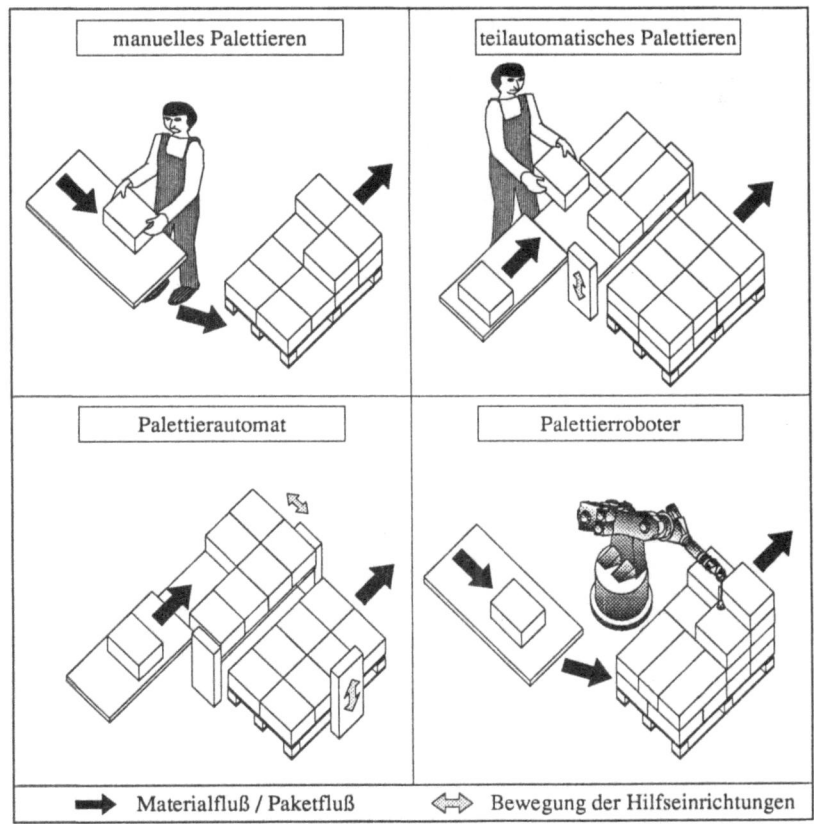

Bild 3: Verschiedene Palettierarten im Vergleich

Typischerweise werden die Packstücke auf ihrer größten Fläche liegend über Bandstrekken, Rollenbänder oder Rutschen angeliefert. Abhängig vom Inhalt dürfen Packstücke auch nur in dieser Lage palettiert werden. Können Packstücke auch gekippt werden, so erhöhen sich die kombinatorischen Möglichkeiten, wo und in welcher Lage das Packstück auf dem Ladungsträger plaziert werden kann.

Für alle beschriebenen Palettierarten muß, abhängig von den aufgabenspezifischen Randbedingungen, der Ausgleich zwischen den beiden Extremen "Mann zur Ware" und "Ware zum Mann" ermittelt werden, um die optimale Leistungsbilanz zu erhalten /35/.

2.2.2 Morphologie der Packstückstapel

Abhängig von der Verschiedenartigkeit der Packstücke, welche auf die Ladeeinheit gestapelt werden müssen, können folgende Grundtypen von Packstückstapeln unterschieden werden (*Bild 4*) :

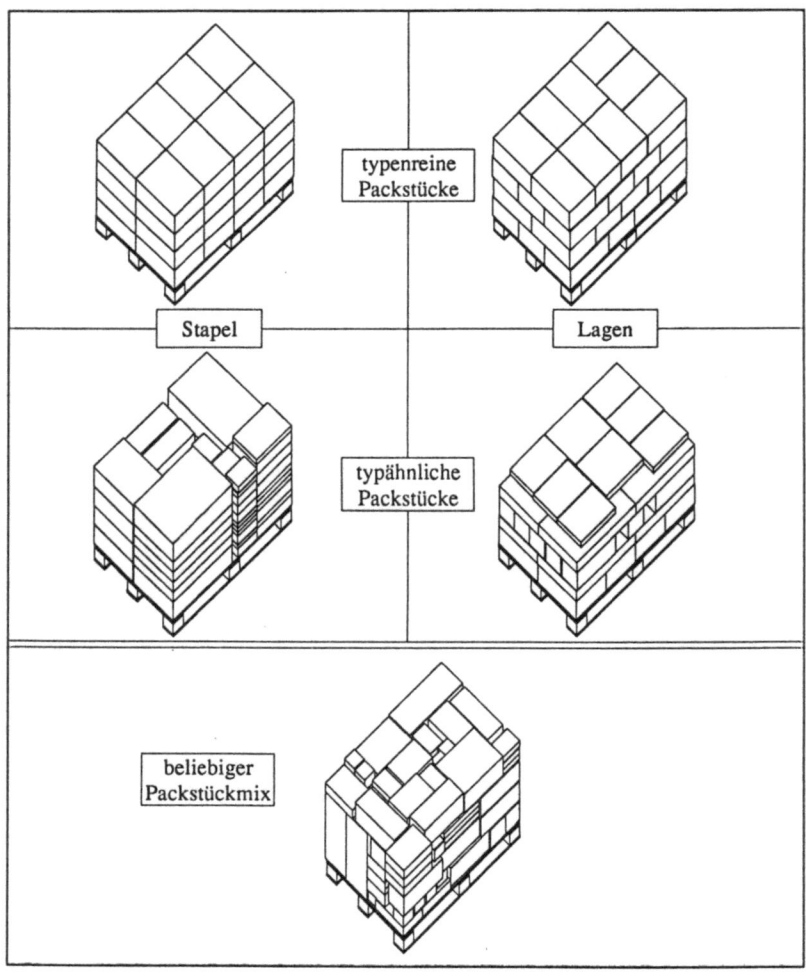

Bild 4:   Verschiedene Typen von Packstückstapeln

- Bei **typenreinen Packstückstapeln** können Turmstapel und der stabilere Verbundstapel unterschieden werden. Bei entsprechenden Packstückabmessungen können bis zu 100 % Füllgrad erreicht werden.

- Bei **typähnlichen Packstückstapeln** können Stapel unterschieden werden, die aus Türmen mit Packstücken näherungsweise gleicher Grundfläche erzeugt werden oder die aus Lagen mit Packstücken annähernd gleicher Höhe gebildet werden. Die Stapel, die aus Lagen gebildet werden sind stabiler, als die Stapel, die aus Türmen gebildet werden. Bei zu unterschiedlichen Packstückhöhen in den Lagen oder Grundflächenschwankungen der Packstücke in den Türmen, treten leicht Instabilitäten auf. Der Palettenfüllgrad kann bei günstigen Kommissionen und entsprechenden Packstückabmessungen ebenfalls 100 % erreichen.

- Bei **Stapel im beliebigen Packstückmix** lassen sich i. a. keine Türme oder Lagen ausmachen. Die komplexen Packmuster enthalten Spalte und Hohlräume und zeichnen sich durch Lagendurchdringung, d. h. durch ein beliebiges Höhenprofil aus. Die Stabilität dieser Stapel wird durch Überbauen der Lücken zwischen den Packstücken erreicht. Für solche Stapel wird an manuellen Palettierendstellen bei der Post und bei Paketdiensten ein durchschnittlicher Füllgrad von 70 % erreicht.

Eine zu 100 % gefüllte Palette kommt innerhalb der Logistik selten vor. Werden z. B. bei einer Europalette (1200 mm x 800 mm) die Packstücke auf allen Seiten um 2 cm eingerückt, um einen Schutzkarton als Ladeeinheitssicherungsmittel überstreifen zu können, dann beträgt der maximal mögliche Palettenfüllgrad nur noch gut 90 %. Entsteht durch ungenaues manuelles Aufstapeln, schlecht abgestimmte Packstückmaße oder eine ungünstige Kommission ein Rand von 5 cm, so sinkt der Palettenfüllgrad auf 80 % ab.

2.2.3 Anwendungsbereiche für Palettiersysteme

Die Anwendungsbereiche lassen sich nach dem zu bildenden Packstückstapel und der verwendeten Palettierungsart unterscheiden :

- Bei **Fertigungsbetrieben** (Lebensmittelindustrie, Elektrogeräteindustrie, u.v.m.) werden am Ende der Fertigungslinien gleichartige Artikel mit Packmitteln zu Packstücken verpackt und manuell oder mit Palettierautomaten auf Paletten gestapelt. Es entstehen typenreine Turm- oder Verbundstapel.

- ❏ Beim **Direktvertrieb** von selbst hergestellten Produkten können die Packstückabmessungen beeinflußt und modular aufeinander abgestimmt werden. Aufgrund ständig wechselnder Kommissionen wird manuell palettiert oder es sind Computerprogramme notwendig, die abhängig von den zu palettierenden Packstücken das optimale Lagenbild für die nächste Lage zusammenstellen und es an den Palettierautomaten oder Palettierroboter übertragen. Andere Programme wählen aus fest vorgegebenen Lagenbildern das entsprechende aus. Es entstehen typähnliche Turm- oder Lagenstapel.

- ❏ Bei **Versandhäusern** werden Packstücke unterschiedlicher Hersteller kommissioniert und zu Kundenpaletten oder nach Versandrichtungen zusammengestellt. Die entstehenden Palettenstapel bestehen aus Packstücken von verschiedenen Herstellern, die nicht aufeinander abgestimmt sind und zu einem beliebigen Packstückmix auf der Palette führen. In diesen Bereichen wird ausschließlich manuell palettiert. Da sich keine Türme und Lagen ausbilden, müßten Computerprogramme zur Steuerung von Palettierrobotern flexibel auf das nächste zu palettierende Packstück reagieren und einen Setzplatz abhängig von der bereits gebildeten Ladeeinheit vorgeben können. Derartige Systeme sind derzeit nicht verfügbar.

- ❏ Bei der **Post** und bei **Paketdiensten** sind die Abmessungen der Packstücke nicht aufeinander abgestimmt und führen daher ebenfalls zu einem beliebigen Packstückmix auf der Palette, der ausschließlich manuell aufgestapelt wird.

Der Versuch, alle im internationalen Warenverkehr verwendeten Packstückgrößen zu modularisieren, führt bei zu grober Abstufung der Umkartons zur Verwendung von Füllmaterial, das in Zukunft vom Packstückhersteller wieder zurückgenommen werden muß /7/. Eine zu kleine Abstufung der Packstückmaße führt zu vielen verschiedenen Packstückgrößen, die nicht immer optimal auf einen Ladungsträger gestapelt werden können. Durch modular abgestimmte Packstückabmaße werden die Paketvolumina nicht mehr vollständig ausnutzbar, so daß beim späteren Palettieren ein erreichter Füllgrad von 100 % entsprechend zu relativieren ist. Möglicherweise befinden sich auf einem Ladungsträger mit produktangepaßten Packstücken, bei einem Palettenfüllgrad von 90 %, mehr Produkte auf der Palette.

Die wirtschaftliche Entwicklung führte in den letzten Jahren bei vielen Unternehmen zu einer Spezialisierung auf wenige bzw. ein zu fertigendes Produkt und zu einer Verlagerung des Direktverkaufs zu Handelsmittlern. Zusammen mit der zunehmenden Differenzierung der Kundennachfrage führt dies zu ständig steigenden Gütermengen vom Erzeuger über Verteilzentren zum Kunden. Daher sind die Produkthersteller bemüht, ihre Produkte optimal zu verpacken und auf typenreine Paletten zu stapeln, während die Verteilzentren die Aufgabe haben, Paletten im beliebigen Sortenmix für Kunden und/oder Versandrichtungen zusammenzustellen.

Die Anforderungen an den gebildeten Palettenstapel sind für alle genannten Stapeltypen und Anwendungsbereiche gleich und lassen sich folgendermaßen zusammenfassen :

- Der Palettenstapel muß unter allen Umständen stabil genug sein, um die weiteren Ein- und Auslagerungsvorgänge im Lager und insbesondere die Erschütterungen während des weiteren Transports zu überstehen.

- Der Palettenstapel muß füllgradoptimiert sein, um durch ein Minimum an Paletten pro Kommission oder Versandrichtung die weiteren Transportkosten niedrig zu halten.

Bei der Anwendung in Kühlhäusern wird zusätzlich gefordert, daß zwischen den Packstücken Luftspalte belassen werden, um ein schnelleres Abkühlen durch die so vergrößerte Absorptionsfläche zu erreichen. Diese Forderung kann durch entsprechende Zugaben bei den Packstückabmessungen erfüllt werden.

2.2.4 Marktübersicht der Palettierroboter und -automaten

Auf dem Markt sind neben Palettierautomaten auch Palettierroboter verbreitet. *Bild 5* stellt die Anwendungsbereiche der Palettierroboter und -automaten deutscher Hersteller gegenüber. Der Anwendungsbereich der Palettierautomaten liegt vor allem im Bilden von Ladeeinheiten durch Übersetzen ganzer Reihen oder Lagen. Der Palettierroboter wird in den Bereichen mit hohen Flexibilitätsanforderungen hinsichtlich der Packstück- und Packmusterwechsel eingesetzt /36/.

Die rund 1100 Industrieroboter, die im Bereich Kommissionieren und Palettieren eingesetzt sind, stellen 4 % der Industrierobotereinsatzfälle in der Bundesrepublik Deutschland dar /37/. Ein automatisches Verfahren, das aus beliebigen Packstücken komplexe Packmuster mit Hohlräumen (Spaltbildung) und Lagendurchringung (beliebiges Höhenprofil) bilden kann, wie sie beim Palettieren im beliebigen Sortenmix notwendig sind /38/, wird jedoch von keinem Hersteller angeboten. Bei Versandhäusern, der Post und den Paketdiensten, wo ausschließlich der beliebige Packstückmix anzutreffen ist, sind daher keine Palettierroboter eingesetzt.

Anbieter	Art			Palettiergut	Ladeeinheit	Packmusterbildung		
	Roboter	Vollautomat	Teilautomat		min - max L B H [cm]	Lagen (manuell)	Lagen (automatisch)	beliebig (ohne Lagen)
Eisenmann	●			Kartons, Kisten, Trays, Säcke, Dosen, Fässer	nach Wunsch 2000			●
FTH	●	●	●	Kartons, Kisten, Trays, Säcke, Fässer	80-140 60-120 2400			●
H & K		●	●	Kartons, Kisten, Trays, Flaschen, Gläser, Dosen, Fässer	60-140 40-120 2800			●
Hamo	●	●	●	Kartons, Kisten, Trays, Säcke, Flaschen, Gläser, Dosen, Fässer	60-140 40-120 2900			●
Hulo	●			Kartons, Kisten, Trays, Säcke, Flaschen, Gläser, Dosen, Fässer	80-180 80-180 2600			●
Leibfried		●	●	Kartons, Kisten, Trays, Säcke	120 120 2000	●	●	
Mannesmann Demag	●			Kartons, Kisten, Trays	120 100 2800			●
Materne	●	●	●	Kartons, Kisten, Trays, Säcke, Fässer	40-140 40-140 2000	●	●	
Meypack		●	●	Kartons, Kisten, Trays, Säcke, Flaschen, Gläser, Dosen, Fässer	60-140 40-100 2000			●
Möllers	●	●	●	Kartons, Kisten, Trays, Säcke, Fässer	nach Wunsch			●
Nütro		●	●	Kartons, Kisten, Trays, Säcke, Flaschen, Gläser, Dosen, Fässer	50-150 50-130 1800			●
Reis	●			Kartons, Kisten, Trays, Säcke, Flaschen, Gläser, Dosen, Fässer	120 100 2000			●
ro-ber	●			Kartons, Kisten, Trays, Säcke, Flaschen, Fässer	80-150 60-150 1900			●
Stäubli	●			Kartons, Kisten, Trays, Säcke, Flaschen, Gläser, Dosen	20-120 100-120 2200	●	●	
Zollern	●			Kartons, Kisten, Trays, Säcke, Flaschen, Gläser, Dosen, Fässer	150 100 2000			●

Bild 5: *Marktübersicht Palettierroboter und -automaten in der Bundesrepublik Deutschland (Stand: Dezember 1990)*

Die Packmuster werden mit Hilfe von Computerprogrammen entweder manuell am Bildschirm zusammengestellt oder automatisch erzeugt und in die Palettierrobotersteuerung geladen. Das Bilden von Stapeln im beliebigen Packstückmix wird von keinem Anbieter unterstützt.

Im Vergleich zum Bilden von typenreinen Stapeln, ist das Bilden von Stapeln im beliebigen Packstückmix eine weitaus schwierigere Aufgabe. Die Vielzahl der Kombinationen, in der die Packstücke auf dem Ladungsträger angeordnet werden können, setzt viel Erfahrung bei den Werkern oder ein entsprechend aufwendiges Computerprogramm voraus, um in sich stabile und füllgradoptimierte Ladeeinheiten zu bilden.

2.2.5 Palettieren von Packstücken im Sortenmix

Untersuchungen bezüglich der Palettierleistung pro Stunde und den anteiligen Kosten pro Packstück zeigen deutlich, daß der Palettierautomat zum Bilden von paletten- oder lagenreinen Ladeeinheiten dem Mensch und dem Industrieroboter deutlich überlegen ist (*Bild 6*).

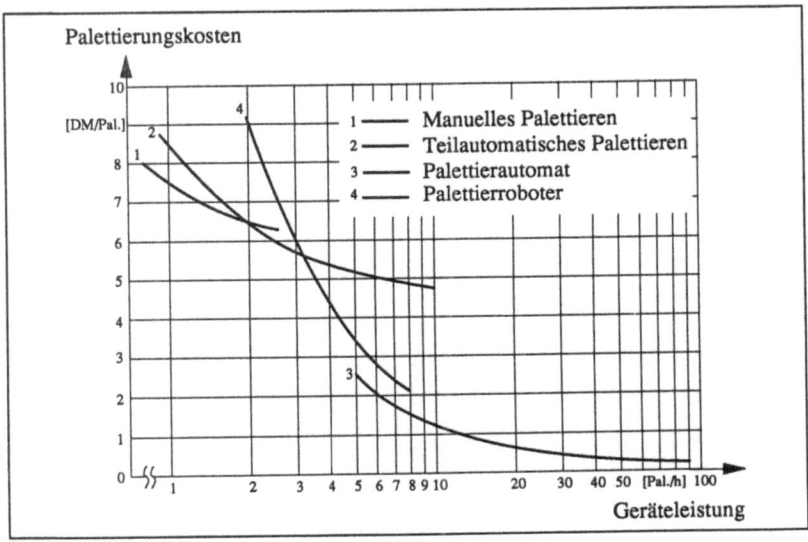

Bild 6: Kostenverläufe verschiedener Palettiertechniken /39/

Palettierautomaten erreichen durch das Umsetzen ganzer Reihen oder Lagen eine hohe Palettenleistung pro Stunde, die wiederum die Fixkosten auf viele Paletten verteilt und so niedrige Kosten pro Palette verursacht.

Neben dem erkennbaren Trend der Abkehr von ständig steigenden Produktionsmengen in der Massenfertigung, ist ein Abnehmen der Losgrößen bei gleichzeitiger Zunahme der Artikelvielfalt zu beobachten. Die damit verbundene Forderung nach größerer Flexibilität läßt allerdings für paletten- oder lagenrein arbeitende Palettierautomaten keinen Platz /40/. Der Palettierroboter ist hinsichtlich Flexibilität und Packleistung durchaus mit dem Mensch vergleichbar. Jedoch werden von Menschen bei Packstücken über 10 kg rasch Beschwerden deutlich, die bei längerer Tätigkeit zu gesundheitlichen Schäden führen können. Verschiedene Länder haben bereits Gesetze erlassen, wodurch das manuelle Handhabungsgewicht auf unter 25 kg beschränkt ist /41/. Bei zusätzlichen Randbedingungen wie Nachtarbeit oder Kühlhausumgebung /16, 42/, wird die Personalsuche zunehmend schwieriger und somit der Einsatz von Palettierrobotern notwendig werden /43/. Der Palettierroboter ist in der Lage, zu denselben Kosten pro Palette wie der Mensch mehr Paletten pro Stunde zu palettieren.

2.3 Analyse der Ansätze zum Erzeugen von Packmustern beim automatischen Palettieren von Packstücken im Sortenmix

Eine Analyse der am Markt angebotenen Systeme und der in der Literatur veröffentlichten Ansätze zeigt, daß zwei grundsätzlich verschiedene logistische und informationstechnische Voraussetzungen zum automatischen Palettieren von Packstücken existieren :

- Bei **im voraus bekannter Kommission** werden die Packstücke off-line mit einem interaktiven Computerprogramm lagen- oder stapelweise zu einer Ladeeinheit zusammengefügt /44/. Neuere Computerprogramme sind auf PC lauffähig /3, 5, 17/. Das Aufstapeln der Ladeeinheit kann nach dem ermittelten Palettiermuster manuell oder mit Industrieroboter erfolgen.

- Bei **nicht bekannter Kommission** wird mit Hilfe von langen Stauzonen ein Großteil der Ladung zwischengepuffert, um dann das jeweils günstigste Packstück mit einem Industrieroboter zu palettieren /45, 46, 47, 48/.

Die beiden Bereiche werden detailliert untersucht und die Tauglichkeit der Ansätze für den industriellen Einsatz zum automatischen Palettieren von Packstücken im beliebigen Sortenmix geprüft.

2.3.1 Ansätze zum Palettieren bei bekannter Kommission

Für den Spezialfall mit genau einem Pakettyp wurde von der Salzer und Partner Rationalisierungen GmbH das Programmpaket OPAN zur Optimierung der Anordnung von Packstücken gleicher Größe innerhalb einer Lage entwickelt /49/. Das Programmpaket wählt aus fest vorgegebenen Packmustern bevorzugt solche aus, bei denen ein Verbundstapeln möglich ist. Zur Erhöhung der Stabilität der Ladung wird versucht, zwei verschiedene Lagenmuster zu benutzen, die abwechselnd übereinandergestapelt werden. Lagenmuster für die Standard-Europalette wurden für 2500 Paketabmessungen mit Längen von 200 bis 500 mm und Breiten von 150 bis 400 mm berechnet. Die optimalen Lagenmuster sind in einem Katalog zusammengestellt. Das zu palettierende Packstück kann auf eine Schablone im Maßstab 1 : 1 gelegt werden und die abgelesene Kapitelnummer gibt das zu verwendende Lagenmuster an. Durch Rotation der jeweils nächsten Lagen um $180°$ entsteht ein stabiler Verbundstapel auf dem Ladungsträger /30, 50, 51/.

Abhängig vom verfügbaren Platz im Warenausgang von Fertigungsbetrieben, wurden zum Zweck der Bildung einer Lage oder wenigstens einer Teillage, sowie zur Sammlung einer hinreichenden Anzahl von Paketen, Pufferstrecken für jede Paketsorte aufgebaut. Neben dem großen Flächenbedarf der Paketpuffer muß sichergestellt sein, daß ausreichend viele Pakete in dieselbe Versandrichtung gehen, um überhaupt Lagen oder Teillagen bilden zu können. Die verbleibenden Pakete, die keine Lage mehr bilden, aber trotzdem zu einer vorgegebenen Versandrichtung müssen, werden manuell auf die Palette aufgestapelt.

Zum Füllen von rechteckigen Schiffscontainern wurde eine einfache Heuristik entwickelt, um die im Mittel 800 Packstücke mit 20 unterschiedlichen Abmessungen, bei im voraus bekannter Schiffsfracht, optimal verstauen zu können. Das Verfahren versucht, Lagen aus Packstücken gleicher Höhe und Stapel mit Packstücken gleicher Grundfläche zu bilden. Das Ergebnis des Verfahrens ist eine Anweisungsliste, in welcher Reihenfolge die Packstücke manuell in den Container verladen werden müssen /52/. Das ausgedruckte Palettiermuster dient beim manuellen Palettieren als Arbeitsanweisung. Fehler beim manuellen Palettieren beschränken sich somit auf eine fehlerhafte Ladeeinheit und es entfällt das Absuchen der gesamten Kommission nach dem eventuell fehlenden oder versehentlich vertauschten Packstück /3/. Bei automatisch erzeugten Palettenstapeln dient ein beigelegtes Palettiermuster als Kontrollzettel bei den Zollabwicklungen und zur schnellen Wareneingangsprüfung beim Kunden.

Für die U.S. Air Force wurde ein Interactive Pallet Loading System (IPLS) entwickelt /44/. Im Vorfeld der Entwicklungsarbeiten zu IPLS wurden über 125 Veröffentlichungen untersucht. Alle nennenswerten Arbeiten befaßten sich mit zweidimensionaler Optimierung und anschließendem Aufstapeln der optimierten Lagen. IPLS ist ein menügeführtes Computerprogramm, das aus einer Mischung von dynamischer Programmierung und Heuristiken eine Ladeeinheit lagen- oder stapelweise zusammenstellt. Das Bilden von Ladeeinheiten wurde durch eine zweidimensionale Optimierung von Packstücken gleicher Höhe und das anschließende Aufeinander- bzw. Aneinandersetzen der Lagen bzw. Stapel gelöst. Das Ergebnis des Verfahrens ist ebenfalls eine Anweisungsliste, in welcher Reihenfolge die Packstücke manuell gestapelt werden müssen.

Für das manuelle Palettieren von Kundenaufträgen wurde von der Firma Prolog System GmbH das PC-Programm "Stapel" entwickelt, welches im Vorfeld der Kommissionierung ein Palettiermuster für den Kundenauftrag ermittelt /5/. Dieses Softwarepaket arbeitet wie ein Palettierautomat nach einer zweistufigen Vorgehensweise. Im ersten Schritt wird der Ladungsträger lagenweise gefüllt. Dabei wird auf eine möglichst hohe Ausnutzung der Fläche durch Packstücke geachtet. Im zweiten Schritt wird der Ladungsträger in vertikaler Richtung beladen, indem mehrere Lagen übereinander gelegt werden bis die maximale Ladehöhe erreicht ist. Zusätzliche Randbedingungen wie z. B. das Freilassen von Zwischenräumen bei Tiefkühlprodukten werden berücksichtigt /17/.

Bei IPLS, "Stapel" und allen anderen turm- und lagenbildenden Verfahren entstehen, durch die Anwendung von sogenannten Knapsack-Funktionen /53, 54/ entlang Lagen und Reihen, typische "Guillotine Schnitte". Da die zweidimensionalen Knapsack-Funktionen aus eindimensionalen Funktionen zusammengesetzt werden, weisen die optimierten Lagen Reihen gleicher Breite auf /53/, die aufeinandergestellt nicht genügend Stabilität aufweisen. Es wurden Ansätze veröffentlicht, die durch Verzahnen der Packstücke innerhalb der Lage eine höhere Stabilität derselben erreichen /55/.

Alle genannten Ansätze eignen sich nur für eine geringe Anzahl von Pakettypen und Versandrichtungen bei großem Paketdurchsatz und weisen in der Praxis einen hohen Flächenbedarf für die Pufferung der Packstücke, sowie manuelle, taktgebundene Restarbeitsplätze auf.

2.3.2 Ansätze zum Palettieren bei nicht bekannter Kommission

Bei bekanntem Paketsortiment werden zufällig angelieferte Pakete in Pufferplätzen zwischengespeichert, bis eines der im voraus ermittelten Lagenmuster, aus verschiedenen Paketen gleicher Höhe gebildet werden kann /56/. Die Lage wird auf die Palette gestapelt und der frei gewordene Pufferplatz kann durch neu ankommende Pakete wieder belegt werden /47/.

Um die Erstellung der im voraus zu bestimmenden Lagenmuster der Pakete zu vermeiden, wurden Algorithmen entwickelt, die in einer Robotersteuerung (IBM RS/1) ablauffähig sind und die Lagenmuster erzeugen /48/. Es wurden 5 gleich hohe Pakettypen verwendet. Für den industriellen Einsatz untypisch, entspricht das größte Paket genau einer Lage und das nächst kleinere Paket hat die gleiche Breite und halbe Länge des vorigen Pakets, so daß sich immer aus zwei kleinen Paketen die Fläche des nächst größeren Pakets bilden läßt. Die verschiedenen Pakettypen werden in typenreinen Puffern gesammelt, bis sich eine Lage durch Kombination der Pakete bilden läßt.

Eine andere Versuchsanlage, mit maßstäblich verkleinerten Paketen und Paletten, wurde mit einem IBM 7545 Industrieroboter aufgebaut /57/. Jedes der 3 Schachtmagazine bevorratet einen Pakettyp. Aus den Schachtmagazinen wird zufällig eines der 3 Pakettypen auf ein Transportband geschoben und über eine Sortieranlage in die dem Pakettyp entsprechende Pufferstrecke geschoben. Sind genügend Pakete bekannt, um eines der vorgefertigten Lagenmuster zu bilden, beginnt der Industrieroboter die Pakete auf die Palette zu setzen und es können neue Pakete in den Puffern aufgenommen werden.

Auch bei diesen Ansätzen hängt der Platzbedarf für die Paketpuffer von der Anzahl der Pakettypen ab und es bleiben manuelle Restarbeitsplätze für die Pakete, die auf der Palette Platz haben, aber keine Lagen mehr bilden und zum selben Kundenauftrag gehören.

Ein Ansatz mit einem Expertensystem benötigt bei 4 verschiedenen Pakettypen eine Rechenzeit von ca. 40 Minuten pro Palette /58/. Die Rechenzeit steigt weiter, falls mehr als 4 Pakettypen verwendet werden. Es werden Turmstapel aus Packstücken gleichen Typs erzeugt. Expertensysteme werden für diese Anwendung als zu langsam und in der Anschaffung als zu teuer eingestuft.

Ende 1982 wurde vom Dr.-Neher-Laboratorium, dem Forschungsinstitut der niederländischen Post- und Fernmeldeverwaltung (PTT), eine Studie über Industrieroboter und ihre Anwendungsmöglichkeiten innerhalb der PTT in Angriff genommen. Die Studie führte zu einem Pilotprojekt, in dem ein Industrieroboter Pakete in Standard-Rollbehälter einlegt. Diese Standard-Rollbehälter sind auf drei Seiten geschlossen und haben eine Abmessung von 600 mm x 800 mm x 1400 mm. Die Taktzeit wurde mit 8 s pro Paket festgelegt und entspricht damit der durchschnittlichen Zeit, die zur manuellen Pakethandhabung benötigt wird /45/. Die Pakete werden manuell in willkürlicher Reihenfolge, d. h. ohne Gewichts- und Größensortierung, von einer Rollenbahn auf die Bereitstellungsposition am Paketpuffer gelegt. Der umlaufende Paketpuffer kann 45 Pakete aufnehmen. Die Pakete werden mit 2 Kameras vermessen. Die erste Kamera nimmt die

Länge, Breite, Position und Ausrichtung des Pakets auf und die zweite Kamera bestimmt über Triangulation die Höhe des Pakets. Der auf einer 8 m langen Lineareinheit montierte Industrieroboter /59, 60/ kann nahezu alle Packstücke im Puffer erreichen. Der Industrieroboter erreicht eine Geschwindigkeit von 0,5 bis 1 $^m/_s$ bei einer Genauigkeit von 0,5 mm. Der verwendete Sauggreifer kann Pakete bis 50 kg handhaben. Ein Algorithmus wählt nach dem Branch-and-Bound Verfahren /61/ ein Paket aus dem Puffer aus und gibt dessen Setzplatz auf dem Standard-Rollbehäter an. Bei der Entwicklung des Algorithmus wurde davon ausgegangen, daß nur quaderförmige, druck- und formstabile Packstücke verwendet werden. Weiterhin werden die Packstücke auf der größten Fläche transportiert und von oben in den Standard-Rollbehälter eingelegt. Der Algorithmus erreicht bei 54 beliebigen Paketen auf dem Standard-Rollbehälter einen Füllgrad von 44,3 %. Werden aus einem Sortiment von 7 Pakettypen 55 Pakete aufgestapelt, wird ein Füllgrad von 69,6 % erreicht /46/. Muß der Umlaufpuffer platzbedingt kleiner als momentan 45 Pakete ausgelegt werden, wird der Füllgrad und somit die Auslastung der Ladeeinheit in beiden Fällen noch geringer /62, 63/.

2.4 Bewertung der Ansätze zum automatischen Palettieren von Packstücken im Sortenmix

Bei allen Verfahren, die nicht direkt einen Palettierautomaten oder Palettierroboter steuern, werden Probleme mit instabilen Stapeln dadurch ausgeglichen, daß beim manuellen Aufbauen des Palettenstapels Veränderungen gegenüber des errechneten Stapelmusters vorgenommen werden, um eine stabile Ladeeinheit zu erhalten /44/. Diese Verfahren können nicht ohne weitere Entwicklungsarbeiten für ein automatisches Palettiersystem verwendet werden. Die Analyse des Standes der Technik zeigt, daß es keine verfügbaren Systeme zum Palettieren von Packstücken im beliebigen Sortenmix gibt. Die in der Literatur veröffentlichten Ansätze wurden oft sehr theoretisch bearbeitet, wobei die Anforderungen an einen Packstückstapel (Stabilität und Füllgrad) oft völlig außer Acht gelassen wurden und entsprechende praktische Nachweise fehlen. Auf der anderen Seite werden pragmatische Ansätze verfolgt, die den geringen Speicher der Industrierobotersteuerung berücksichtigen oder von einem sehr einfachen Packstücksortiment mit großer Pufferfläche ausgehen.

Die teilweise zu theoretischen oder oft zu pragmatischen Ansätze sind aus den genannten Gründen nicht für das automatische Palettieren von Packstücken im beliebigen Sortenmix bei unbekannter Kommission geeignet. Die Notwendigkeit einer Automatisierung leitet sich nicht nur aus dem aufgezeigten wirtschaftlichen Automatisierungspotential ab, sondern ist vielmehr aus arbeitsphysiologischer Sicht dringend erforderlich.

3 Entwicklungsschwerpunkte

3.1 Folgerung aus der Analyse der Ausgangssituation

Die Analyse des Stands der Technik zeigt, daß für den gesamten Bereich der Palettenbildung im beliebigen Sortenmix, bei dem sich im allgemeinen keine Lagen ausbilden, keine industrielle Anwendung bekannt ist. Die in der Entwicklung befindlichen Systeme weisen gravierende Nachteile hinsichtlich ihres Platzbedarfs, den Investitionskosten oder der benötigten Rechenzeit auf.

Selbst bei bekannter Kommission kann nicht sichergestellt werden, daß die Packstücke in der errechneten optimalen Reihenfolge aus dem Lager an die Palettierendstelle gefördert werden können. Aus Sicht der Palettierendstelle muß für ein Verfahren zum automatischen Palettieren von Packstücken im beliebigen Sortenmix von einer nicht vollständig bekannten Kommission ausgegangen werden und das Packmuster on-line ermittelt werden.

Systemkomponenten für eine automatische Palettierzelle, wie z. B. leistungsfähige Industrieroboter, entsprechende Greiftechniken und Zellensteuerungsstrukturen, sind bekannt.

Die bislang ausschließlich manuell betriebenen Palettierendstellen für nicht sortenreine Kommissionen könnten automatisiert werden, falls ein on-line fähiger Algorithmus zur Verfügung stehen würde, der aus beliebigen Packstücken komplexe Packmuster mit Hohlräumen (Spaltbildung) und Lagendurchdringung (beliebiges Höhenprofil) bilden kann.

3.2 Pflichtenheft für ein Verfahren zum automatischen Palettieren von Packstücken im beliebigen Sortenmix

Aus der Analyse des Stands der Technik ergeben sich die Anforderungen an ein Verfahren zum automatischen Palettieren von Packstücken im beliebigen Sortenmix, die im folgenden Pflichtenheft zusammengefaßt sind.

Das Pflichtenheft umfaßt die Bereiche "Sollzustand" (*Bild 7*) und "Zukunftsaspekte" (*Bild 8*) nach VDI Richtlinie 3694 /64/.

Zusätzlich ist der in der Softwareentwicklung übliche Bereich "Abgrenzungskriterien" (*Bild 9*) enthalten /65/.

Sollzustand / Mußkriterien

Das Verfahren muß

- in sich stabile, füllgradoptimierte Ladeeinheiten erzeugen, die automatisch mit einem Palettierroboter aufgestapelt werden können.
- on-line einsetzbar sein, um nicht vollständig bekannte Kommissionen palettieren zu können.
- von der eingesetzten Kinematik unabhängig sein, um den Palettierroboter rein nach den notwendigen Leistungsdaten auswählen zu können.
- Logistikdaten von existierenden Systemen übernehmen, um die vorhandenen Daten über die Packstücke nützen zu können.
- beliebige quaderförmige Packstücke verarbeiten, um keinen Einschränkungen hinsichtlich des Packstücksortiments zu unterliegen.
- keine Restarbeitsplätze benötigen, um die Gesamtanlage wirtschaftlich werden zu lassen.

Bild 7: *Mußkriterien für ein Verfahren zum automatischen Palettieren von Packstücken im beliebigen Sortenmix*

Zukunftsaspekte / Wunschkriterien

Das Verfahren könnte

- bei bestehenden Anlagen nachrüstbar sein, um keine Layoutänderungen der gesamten Logistikanlage zu verursachen.
- die Gewichtung einzelner Strategien selbständig anpassen, um sich auf die Daten der durchschnittlich ankommenden Packstücke einzustellen.

Bild 8: *Wunschkriterien für ein Verfahren zum automatischen Palettieren von Packstücken im beliebigen Sortenmix*

> **Abgrenzungskriterien**
>
> Das Verfahren muß nicht
>
> ❏ im Mischbetrieb manuell / automatisch arbeiten können, da Paletten on-line vollautomatisch aufgestapelt werden sollen.
> ❏ typenreine Lagen optimal palettieren können, da für solche Anwendungen aufgrund der höheren Leistung Palettierautomaten einzusetzen sind.

Bild 9: *Abgrenzungskriterien für ein Verfahren zum automatischen Palettieren von Packstücken im beliebigen Sortenmix*

Aufgrund des Stands der Technik und der gestellten Anforderungen an ein System zum automatischen Palettieren im beliebigen Sortenmix, ist wegen der erforderlichen Bewegungsflexibilität nur ein Industrieroboter zum Aufstapeln der Packstücke zu Ladeeinheiten geeignet. Ein automatisches Palettiersystem muß im Gegensatz zum manuellen Palettieren mit viel weniger und einfacherer Sensorik auskommen können. Es ist zu erwarten, daß es die Anforderungen an die Taktzeit nicht erlauben werden, einmal getroffene Entscheidungen rückgängig zu machen und Packstücke wieder abzustapeln. Es wird vielmehr notwendig sein, on-line zu entscheiden, welches der bereitgestellten Packstücke wo auf den bereits teilweise beladenen Ladungsträger zu plazieren ist.

Das unter Berücksichtigung der genannten Anforderungen zu entwickelnde Verfahren soll es ermöglichen, die bisher ausschließlich manuell betriebenen Palettierendstellen für beliebigen Sortenmix zu automatisieren. Dadurch wird die Konkurenzfähigkeit der Unternehmen verbessert und darüber hinaus ein wesentlicher Beitrag zur Humanisierung der beschwerlichen Palettierarbeit geleistet.

Um dies zu erreichen, sind ausgehend von der Analyse des Standes der Technik Grundlagen für die Entwicklung eines Verfahrens zu erarbeiten, auf Basis derer anschließend Strategien für den Algorithmus entwickelt werden können.

3.3 Vorüberlegungen für ein Verfahren zum automatischen Palettieren von Packstücken im beliebigen Sortenmix

Bei unbekannter Kommission werden die Packstücke ohne bestimmte Reihenfolge in ungeordnetem Zustand an der Palettierendstelle angeliefert. Ähnlich dem Menschen stehen einem automatischen Palettiersystem das nächste Packstück und i. a. mehrere Packstücke zum Palettieren in einem Puffer im direkten Zugriff zur Verfügung. Der durchschnittlich zu erreichende Ladungsträgerfüllgrad kann dadurch gesteigert werden, daß in dem Packstückpuffer mehrere Packstücke zum Palettieren bereit stehen und damit die Auswahl an Packstücken vergrößert wird.

Dem gegenüber stehen die aus wirtschaftlichen Gründen festgelegten Anforderungen nach geringem Platzbedarf eines automatischen Palettiersystems. Ein Puffer, der im Bereich einer bisher manuell betriebenen Palettierstation untergebracht werden kann, reduziert die Anzahl der bekannten Packstückdaten im Verhältnis zur gesamten Kommission so weit, daß zur Optimierung des Füllgrads keine vorausschauenden kombinatorischen Überlegungen, wie in *Bild 10* angedeutet, durchgeführt werden können.

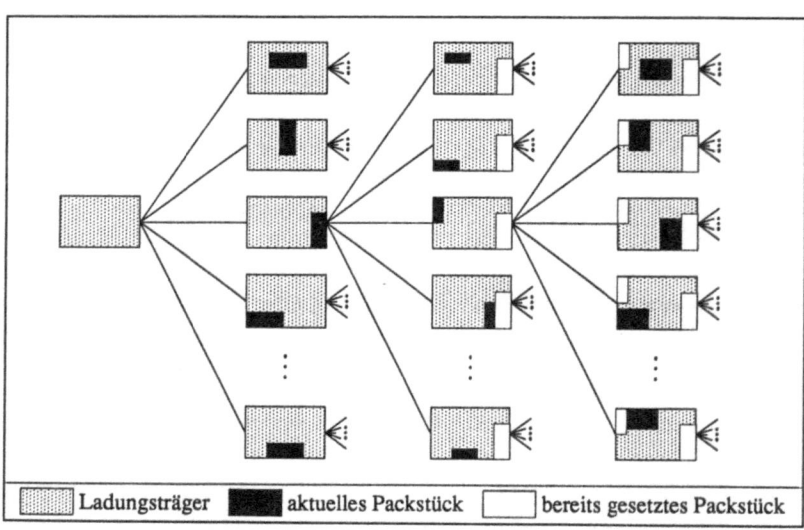

Bild 10:   Kombinatorische Möglichkeiten beim Palettieren

Die unter Berücksichtigung der festgelegten Anforderungen optimale Puffergröße wird durch Simulation ermittelt werden. Ein Verfahren zum automatischen Palettieren muß in Abhängigkeit von dem bereits bestehenden Packstückgebirge auf dem Ladungsträger ein Packstück aus dem Puffer auswählen und dessen Setzplatz auf dem Ladungsträger bestimmen. Bei der Auswahl stehen die Ladungsstabilität sowie die Optimierung des Ladungsträgerfüllgrads im Vordergrund.

Um bei unbekannter Kommission aus beliebigen quaderförmigen Packstücken in sich stabile, füllgradoptimierte Ladeeinheiten on-line bilden zu können, scheiden die im Stand der Technik beschriebenen Ansätze aufgrund der lösungsspezifischen Randbedingungen aus. Dynamische Programmierung und Branch-and-Bound Verfahren sind dafür geeignet, optimale Lösungen zu finden, setzen aber die Kenntnis der gesamten Kommission voraus. Expertensysteme erweisen sich als zu langsam. Nur heuristische Verfahren liefern eine, wenngleich nicht immer optimale, aber für den Bereich der unbekannten Kommission gute und vor allem schnelle Lösung.

Für ein on-line einsetzbares heuristisches Verfahren ist es notwendig, möglichst wenige und einfache, leicht zu implementierende Strategien zu haben. Die Strategien sind durch Fallunterscheidung und Induktion systematisch herzuleiten und zu verallgemeinern. Um die Vielzahl der Möglichkeiten zum Plazieren des nächsten Packstücks zu reduzieren, kann sich eine Problemhalbierung als notwendig erweisen (*Bild 11*).

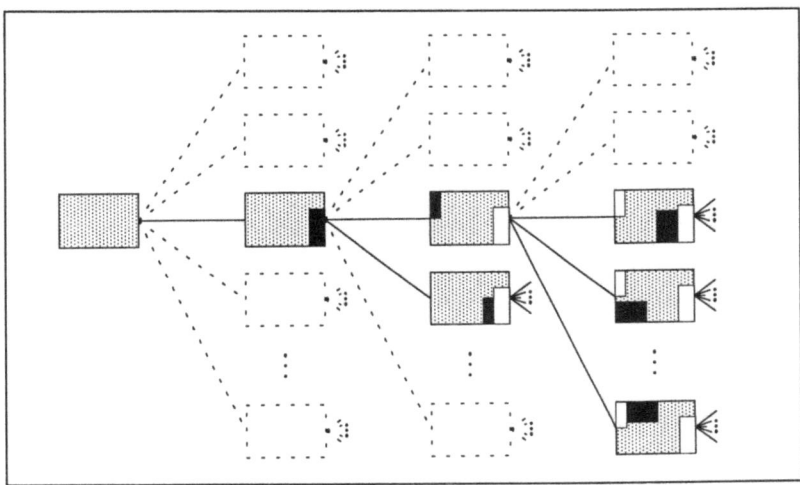

Bild 11:   Problemhalbierung durch Grob- und Feinpositionierung

Ausgehend von einem leeren Ladungsträger wird die optimale Plazierung des ersten Packstücks errechnet. Anschließend werden die verschiedenen Plazierungsmöglichkeiten und Setzflächen des nächsten Packstücks systematisch untersucht. Die daraus abgeleiteten Heuristiken können weiter verallgemeinert und in Grobpositionierungsstrategien zusammengefaßt werden, da der leere Ladungsträger am Anfang des Palettierens ein

Spezialfall einer ebenen Setzfläche auf dem später vorhandenen Packstückgebirge entspricht.

Mit Hilfe der Grobpositionierungsstrategien werden mögliche Setzplätze für Packstücke auf dem Ladungsträger ermittelt. Die genaue Lage der Packstücke innerhalb des Setzplatzes wird durch Fallunterscheidung systematisch untersucht. Aus den Ergebnissen werden Strategien zur Feinpositionierung der Packstücke innerhalb des Setzplatzes abgeleitet.

Diese grundsätzlichen Strategien sind mit situationsabhängigen Gewichtungsfaktoren zu kombinieren, um für jedes der Packstücke im Puffer einen Bewertungsfaktor zu bestimmen und dadurch das am besten geeignete Packstück aus dem Puffer zu greifen und aufzustapeln.

4 Entwicklung von Strategien für die Heuristik zum automatischen Palettieren von Packstücken im beliebigen Sortenmix

Voraussetzung für die Entwicklung von Grob- und Feinpositionierungsstrategien sind die Einführung von Koordinatensystemen, die Definition des Ladungsträgerfüllgrads und die grundsätzlichen Betrachtungen zum Raumverschnitt, die für alle anschließend zu entwickelnden Strategien in gleichem Maße gelten.

4.1 Definition der Koordinatensysteme beim Palettieren

Bei der Definition von Länge, Breite und Höhe wird die Länge als das größte und die Höhe als das kleinste Maß festgelegt (*Bild 12*). Für die Zuordnung von X, Y und Z zu Länge, Breite und Höhe wird definiert:

$$X \geq Y \geq Z \tag{1}$$

Aus (1) folgt für den Ladungsträger (X_L, Y_L) sowie für die Packstücke auf dem Ladungsträger (X_i, Y_i, Z_i) und im Packstückpuffer (X_p, Y_p, Z_p):

$$X_L \geq Y_L \quad \wedge \quad X_i \geq Y_i \geq Z_i \quad \wedge \quad X_p \geq Y_p \geq Z_p \tag{2}$$

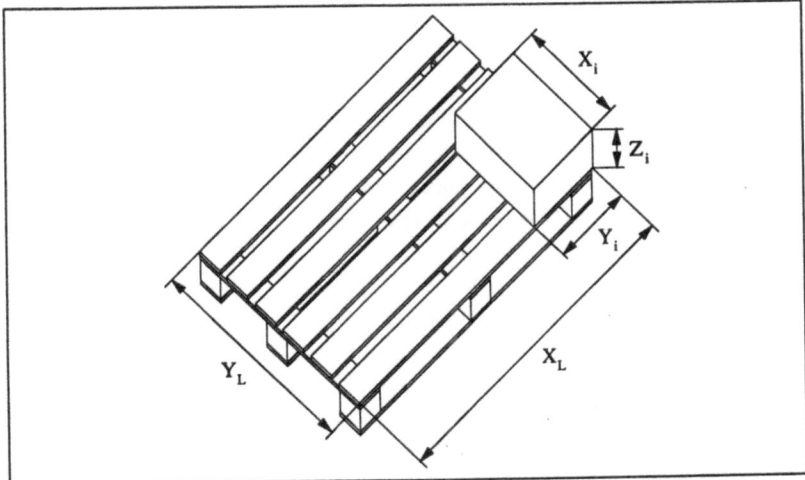

Bild 12:   *Koordinatensysteme beim Palettieren*

4.2 Betrachtungen zum Raumverschnitt

Können auf einem Ladungsträger keine weiteren Packstücke aus dem Packstückpuffer plaziert werden, so ist die Differenz zwischen dem maximal möglichen Ladungsträgervolumen und der Summe der Packstückvolumina gleich der Summe der Raumverschnitte innerhalb des Ladungsträgers.

$$(X_L * Y_L * Z_L) - \sum_{i=1}^{I}(X_i * Y_i * Z_i) = \sum_{j=1}^{J} R_j \qquad (3)$$

Damit wird der beim Palettieren erreichte Ladungsträgerfüllgrad definiert, als die Summe der Packstückvolumina im Verhältnis zum maximal möglichen Ladungsträgervolumen in Prozent:

$$F = \frac{\sum_{i=1}^{I}(X_i * Y_i * Z_i)}{X_L * Y_L * Z_L} * 100 \qquad (4)$$

Jedes Packstück, das auf dem Ladungsträger plaziert wird, erzeugt ein Restvolumen größer gleich Null, das nicht durch andere Packstücke genutzt werden kann. Wird Packstück um Packstück auf dem Ladungsträger plaziert, so stellt die Summe der Raumschnitte eine monoton steigende Funktion dar. Daher muß das nächste Packstück aus dem Puffer so gewählt werden, daß der neu hinzukommende Raumverschnitt minimal ist.

Der Raumverschnitt kann o. B. d. A. an Packstücken untersucht werden, die eine Lücke (X_s, Y_s) auf dem Ladungsträger zwar in der Breite ausfüllen, sich aber in der Länge unterscheiden. Desweiteren kann angenommen werden, daß die Packstücke länger als die halbe Lückenlänge sind, um die Lücke nicht mit zwei Packstücken exakt ausfüllen zu können:

$$\forall p \text{ ist } Y_p = \text{const. und } \frac{Y_s}{2} < X_p \leq Y_s \qquad (5)$$

Die Meßgenauigkeit bzw. die Bandbreite, innerhalb der zwei Maße als gleich anzusehen sind, wird für Länge, Breite und Höhe als ε_x, ε_y und ε_z definiert. Ist ein Packstück, wie in *Bild 13*, nur geringfügig kürzer, als die Lücke, in die es paßt ($Y_s - X_p < \varepsilon_y$), so kann dieser geringe Raumverschnitt in Kauf genommen werden, ohne den dann maximal erreichbaren Palettenfüllgrad zu sehr zu minimieren.

Das kleinste Maß des kleinsten Packstücks (i. a. die Höhe) wird als δ definiert. So ergibt sich für Packstücke, die kürzer als die Lücke sind, daß sie den Raumverschnitt vergrößern, außer sie sind so kurz ($Y_s - X_p > \delta$), daß das kleinste mögliche Packstück noch Platz hat (*Bild 13*).

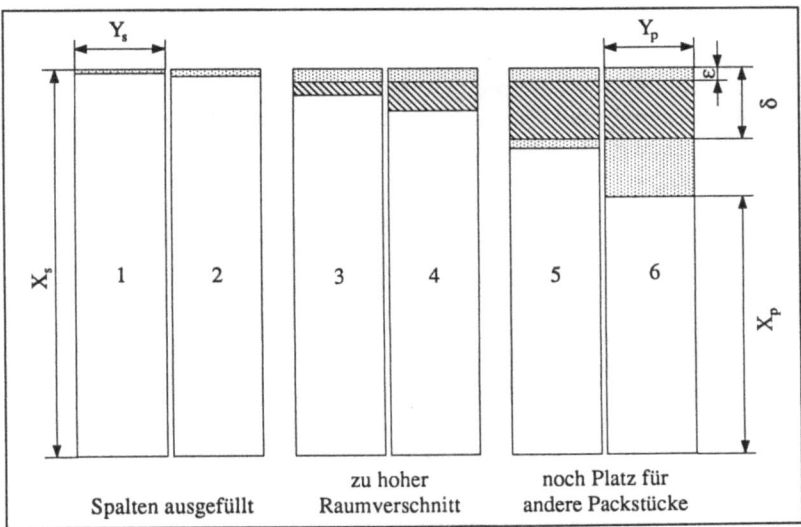

Bild 13: *Darstellung verschiedener Raumverschnitte (Draufsicht)*

Stehen im Puffer mehrere Packstücke gleicher Breite und unterschiedlicher Länge zur Auswahl, so ist bevorzugt das größte Packstück zu wählen, das die Lücke vollständig ausfüllt :

$$\text{Minimum} (Y_s - X_p) < \varepsilon_y \tag{6}$$

oder das kleinste Packstück, das noch genügend Platz für andere Packstücke läßt :

$$\text{Maximum} (Y_s - X_p) > \delta \tag{7}$$

Die anfängliche Einschränkung auf Packstücke gleicher Breite kann entfallen, da die Überlegungen für unterschiedliche Längen eines Packstücks für unterschiedliche Breiten entsprechend gelten. Die Packstücke, die für das Füllen einer Lücke in Frage kommen, lassen sich somit in 3 Kategorien einteilen (*Bild 13*) :

- besonders vorteilhafte Packstücke mit sehr geringem Raumverschnitt (Packstück 1 und 2)
- geeignete Packstücke mit der Möglichkeit, noch andere Packstücke zu palettieren (Packstück 5 und 6)
- völlig ungeeignete Packstücke mit zu hohem Raumverschnitt (Packstück 3 und 4)

Wird weiterhin auf die Minimierung des Raumverschnitts verwiesen, so ist das Packstück mit dem minimalsten Raumverschnitt entsprechend den Kategorien 1 bis 3 zu wählen. Packstücke aus nachfolgenden Kategorien sind nur zu wählen, falls kein Packstück aus vorherigen Kategorien vorhanden sind.

Dadurch wird sichergestellt, daß die Summe der Raumverschnitte nur in dem Maße zunimmt, wie es die im Puffer zur Auswahl stehenden Packstücke notwendig machen.

4.3 Strategien zur Grobpositionierung von Packstücken

Die Strategien zur Grobpositionierung der Packstücke, auf dem bereits teilweise gefüllten Ladungsträger, werden ausgehend von den optimalen Plazierungen der ersten Packstücke auf dem leeren Ladungsträger durch Verallgemeinerung abgeleitet.

4.3.1 Plazieren des ersten Packstücks

Beim Palettieren des ersten Packstücks auf dem Ladungsträger kann das Packstück auf eine seiner drei, i. a. verschieden großen Flächen (X Y, X Z, Y Z) plaziert werden, wobei Ort und Drehlage beliebig auf dem Ladungsträger gewählt werden können.

Um eine möglichst breite und zugleich niedrige Basis zum Plazieren weiterer Packstücke zu erhalten, muß zuerst das Packstück mit der größten Grundfläche und niedrigsten Höhe aus dem Puffer gewählt und mit dieser Fläche auf den Ladungsträger gesetzt werden.

Geht man davon aus, daß quaderförmige Packstücke auf rechteckige Ladungsträger palettiert werden, so bleiben nur 2 Drehlagen, bei denen kein, für andere Packstücke nutzbarer, Raumverschnitt entsteht /66/ :

$$0° \text{-Lage} \quad (X_p \parallel X_L \wedge Y_p \parallel Y_L) \quad \vee \quad \quad (8)$$
$$90° \text{-Lage} \quad (X_p \parallel Y_L \wedge Y_p \parallel X_L)$$

Bei beiden Drehlagen ergibt sich für den Ort des Packstücks auf dem Ladungsträger folgende Beziehung (*Bild 14*) :

$$X_L = X_a + X_p + X_b$$
$$Y_L = Y_a + Y_p + Y_b \qquad (9)$$

oder

$$X_L = X_a + Y_p + X_b$$
$$Y_L = Y_a + X_p + Y_b \qquad (10)$$

wobei X_a, X_b, Y_a und $Y_b \geq 0$ die Abstände zu den Ladungsträgeraußenkanten darstellen.

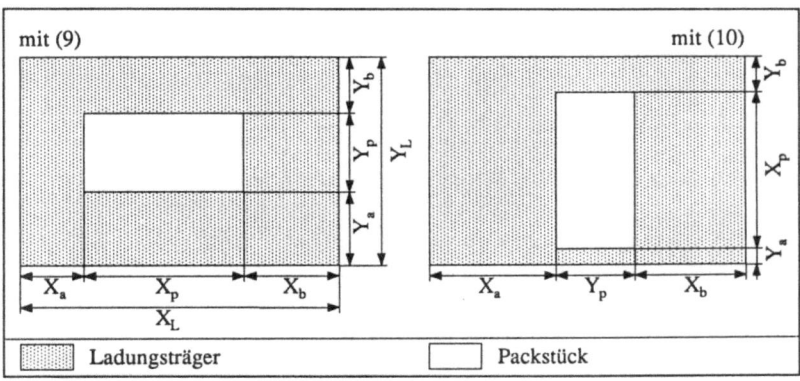

Bild 14: *Plazierung des ersten Packstücks auf dem Ladungsträger*

Da genaue Entscheidungskriterien zum Festlegen der vier Werte aufgrund der geringen Puffergröße fehlen, wird $X_a = 0$ und $Y_a = 0$ gewählt und damit das erste Packstück in eine Ecke gesetzt, um später die verbleibende Fläche auf dem Ladungsträger noch aufteilen zu können. Für die Festlegung der Drehrichtung in der ausgewählten Ecke ist es wichtig, größtmögliche zusammenhängende freie Flächen zu erzeugen und den Raumverschnitt zu minimieren.

Dabei spielt es eine Rolle, ob das Packstück eine Reihe oder Spalte entlang einer Kante des Ladungsträgers auffüllt und ob eine ganze Reihe oder Spalte vom gleichen Packstücktyp mit geringem Raumverschnitt gebildet werden kann.

Für die auf dem Ladungsträger verbleibenden rechteckigen Setzflächen (*Bild 15*), die zum Plazieren besonders großer Packstücke geeignet sind, ergeben sich folgende Flächeninhalte:

$$A_a = X_L * (Y_L - X_p) = X_L * Y_L - X_p * X_L \qquad (11)$$
$$A_b = (X_L - X_p) * Y_L = X_L * Y_L - X_p * Y_L \qquad (12)$$
$$A_c = X_L * (Y_L - Y_p) = X_L * Y_L - Y_p * X_L \qquad (13)$$
$$A_d = (X_L - Y_p) * Y_L = X_L * Y_L - Y_p * Y_L \qquad (14)$$

Für die rechte Seite von (11) bis (14) ist der Minuend (Ladungsträgergrundfläche) konstant größer Null. Die Subtrahenden sind alle größer Null, da die Multiplikanden und Multiplikatoren größer Null sind. Durch Koeffizientenvergleich lassen sich mit Hilfe von (2) für die Setzflächen für weitere Packstücke folgende Zusammenhänge ableiten:

$$A_a \leq A_b \leq A_d \quad \wedge \quad A_a \leq A_c \leq A_d \qquad (15)$$

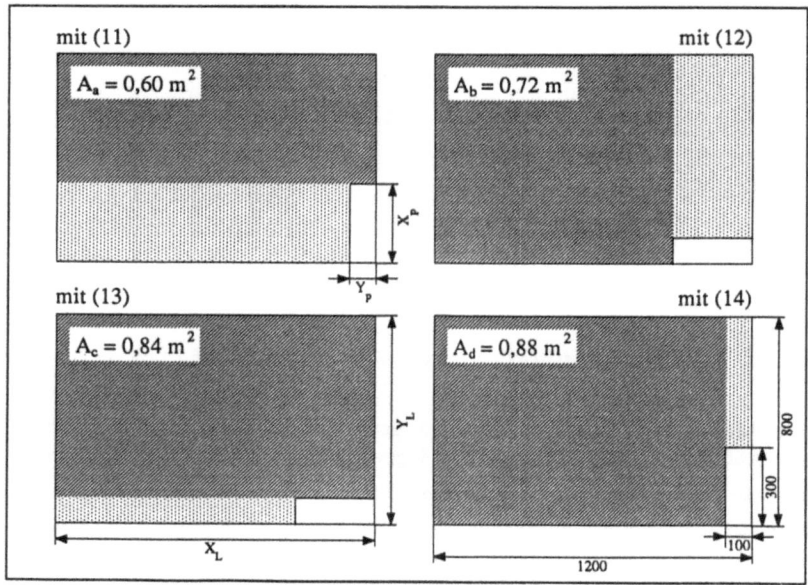

Bild 15: *Drehlage des ersten Packstücks auf dem Ladungsträger*
($X_L = 1200$ mm, $Y_L = 800$ mm, $X_p = 300$ mm, $Y_p = 100$ mm)

Beim Setzen des ersten Packstücks in eine Ecke des Ladungsträgers ergibt sich in 90°

Lage (14) die größte zusammenhängende Setzfläche für weitere Packstücke. Es läßt sich folgende Strategie zusammenfassen :

Strategie 1 : Bei einer leeren Ladeeinheit wird aus dem Packstückpuffer das Packstück mit der größten Grundfläche gewählt und auf die größte Packstückfläche in eines der vier Ecken des Ladungsträgers gesetzt. Die Drehrichtung ist so zu wählen, daß der Raumverschnitt minimal ist bzw. die größte zusammenhängende Setzfläche entsteht (*Bild 15*).

4.3.2 Plazieren des zweiten Packstücks

Nach dem Plazieren des ersten Packstücks auf dem Ladungsträger in eine der vier Ekken, wird ein neues Packstück in den Puffer eingeschoben und es stehen wieder Packstücke im vollen Pufferumfang zur Verfügung. Die Packstücke im Puffer lassen sich in zwei Gruppen einteilen: in Packstücke mit einer Höhe, die gleich der Höhe des ersten Packstücks ist und solche Packstücke mit unterschiedlicher Höhe.

4.3.2.1 Folgepackstück mit annähernd gleicher Höhe

Für die Packstücke im Puffer, mit gleicher oder annähernd gleicher Höhe wie das erste Packstück auf dem Ladungsträger, gilt :

$$|Z_1 - Z_p| < \varepsilon_z \qquad (16)$$

Diese annähernd gleichhohen Packstücke können an das erste Packstück auf dem Ladungsträger angesetzt werden, um gemeinsam eine möglichst große rechteckige Fläche zu bilden. Auf diese Fläche können später größere Packstücke zur Erhöhung der Ladungsstabilität über Kreuz gesetzt werden. Das Ansetzen des nächsten Packstücks ist an zwei Positionen, die keinen zusätzlichen Raumverschnitt verursachen, möglich. Bei beiden Positionen sind beide Drehlagen zulässig, so daß sich vier grundsätzliche Varianten ergeben (*Bild 16*).

Um die Stabilität der Ladung zu erhöhen, sind diejenigen Varianten zu bevorzugen, die abhängig von den Packstückmaßen X_p und Y_p eine Ladungsträgeraußenkante vollständig belegen (*Bild 16, Variante 1*).

Können Ladungsträgeraußenkanten nicht vollständig belegt werden, so ist eine Variante zu wählen, die in Verbindung mit dem ersten Packstück eine möglichst große Setzfläche für weitere Packstücke bildet (*Bild 16, Variante 2*).

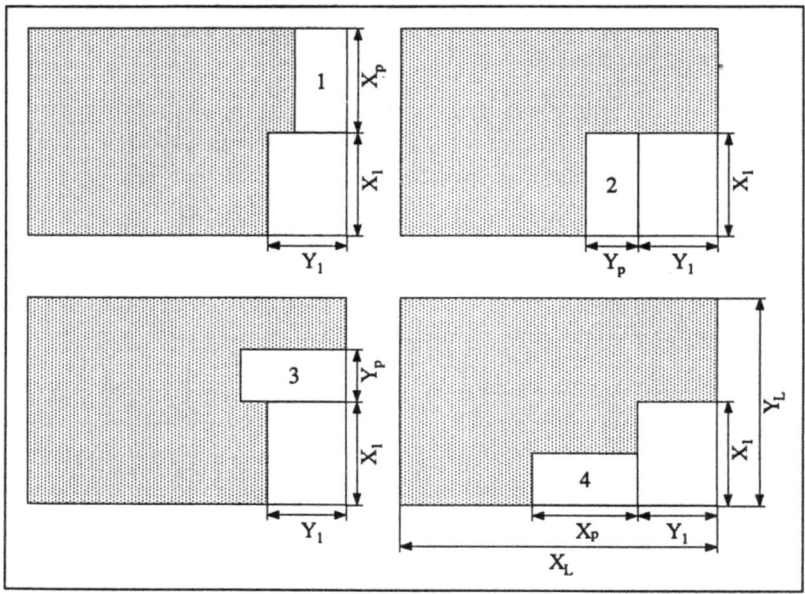

Bild 16: *Ansetzen des nächsten Packstücks annähernd gleicher Höhe an das erste Packstück auf der Ladeeinheit*

Um keine neuen Störkanten in der Ladeeinheit zu erhalten (*Bild 16, Variante 3*), die beim Ansetzen weiterer Packstücke einen zu großen Raumverschnitt verursachen würden, muß zusätzlich zu (16) folgende Bedingung für das anzusetzende Packstück erfüllt sein :

Variante 1	$Y_p - Y_1 < \varepsilon_x$	(17)
Variante 2	$X_p - X_1 < \varepsilon_y$	
Variante 3	$X_p - Y_1 < \varepsilon_x$	
Variante 4	$Y_p - X_1 < \varepsilon_y$	

Strategie 2 : Das zweite Packstück mit annähernd gleicher Höhe wird an das erste Packstück auf dem Ladungsträger so angesetzt, daß unter Minimierung des Raumverschnitts eine Ladungsträgerkante vollständig belegt werden kann oder sich möglichst große Flächen ohne Störkanten bilden (*Bild 16*).

4.3.2.2 Folgepackstück mit größerer Höhe

Befindet sich das erste Packstück auf dem Ladungsträger und es kann kein Packstück aus dem Puffer annähernd höhengleich an das Packstück auf dem Ladungsträger angelegt werden, so ist eine Fallunterscheidung erforderlich. Nach (16) gilt, daß die Packstücke im Puffer entweder höher sind als das erste Packstück :

$$Z_p - Z_1 \geq \varepsilon_z \tag{18}$$

oder aber daß die Packstücke im Puffer niedriger sind als das erste Packstück :

$$Z_1 - Z_p \geq \varepsilon_z \tag{19}$$

Es wird zuerst der Fall des Ansetzens eines höheren Packstücks untersucht, da anzunehmen ist, daß die Aussagen für höhere Packstücke in gleichem Maße wie für niedrigere Packstücke gelten. Weiterhin bilden sich beim Anlegen von niedrigeren Packstücken an das erste Packstück auf dem Ladungsträger keine Störkanten im Höhenprofil aus. Ein drittes Packstück könnte über das niedrigere Packstück hinweg mit dem ersten Packstück auf dem Ladungsträger eine große gemeinsame Setzfläche bilden.

Wird hingegen ein höheres Packstück an das erste Packstück auf dem Ladungsträger angesetzt, so können später keine annähernd höhengleichen Packstücke an das höhere Packstück angesetzt werden, um gemeinsam mit dem ersten Packstück eine möglichst große Setzfläche zu bilden. Höhere Packstücke können aber dennoch angelegt werden, falls sich eine Außenkante des Ladungsträgers vollständig belegen läßt. Das angelegte Packstück wird somit in eine Ecke plaziert und überragt das bereits gesetzte Packstück. Es ist anzunehmen, daß höhere Packstücke i. a. möglichst weit weg, in gegenüberliegende Ecken gesetzt werden müssen.

Der Abstand zwischen dem Flächenschwerpunkt des ersten und zweiten Packstücks läßt sich - nach dem Satz von Pythagoras - abhängig von den Drehlagen der beiden Packstücke folgendermaßen ermitteln (*Bild 17*) :

$$S_a = \sqrt{X_a^2 + Y_a^2} \tag{20}$$

$$S_b = \sqrt{X_b^2 + Y_b^2}$$

$$S_c = \sqrt{X_c^2 + Y_c^2}$$

$$S_d = \sqrt{X_d^2 + Y_d^2}$$

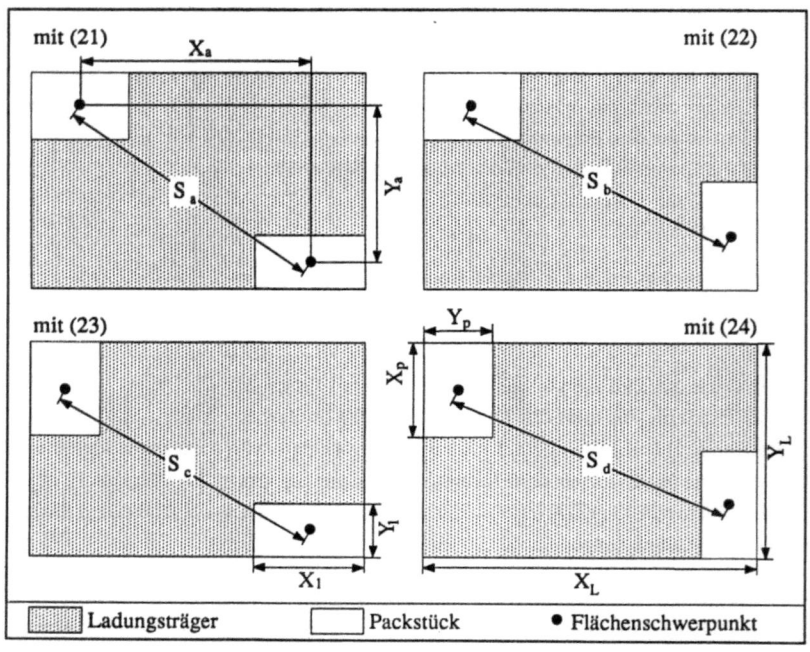

Bild 17: Plazieren zweier Packstücke unterschiedlicher Höhe

Für die beiden Katheten des rechtwinkligen Dreiecks gilt :

$$X_a = X_L - \frac{X_1}{2} - \frac{X_p}{2} \qquad Y_a = Y_L - \frac{Y_1}{2} - \frac{Y_p}{2} \qquad (21)$$

$$X_b = X_L - \frac{Y_1}{2} - \frac{X_p}{2} \qquad Y_b = Y_L - \frac{X_1}{2} - \frac{Y_p}{2} \qquad (22)$$

$$X_c = X_L - \frac{X_1}{2} - \frac{Y_p}{2} \qquad Y_c = Y_L - \frac{Y_1}{2} - \frac{X_p}{2} \qquad (23)$$

$$X_d = X_L - \frac{Y_1}{2} - \frac{Y_p}{2} \qquad Y_d = Y_L - \frac{X_1}{2} - \frac{X_p}{2} \qquad (24)$$

Für die Summe der beiden Katheten gilt immer :

$$X_a + Y_a = X_b + Y_b = X_c + Y_c = X_d + Y_d = \qquad (25)$$

$$X_L + Y_L - \frac{X_1}{2} - \frac{Y_1}{2} - \frac{X_p}{2} - \frac{Y_p}{2} = C = \text{const.}$$

Somit lassen sich alle vier Flächenschwerpunktsabstände als Wertepaare der folgenden Funktion darstellen (*Bild 18*) :

$$Y = -X + C \qquad \text{mit } X \in [X_L - Y_L ; C] \qquad (26)$$

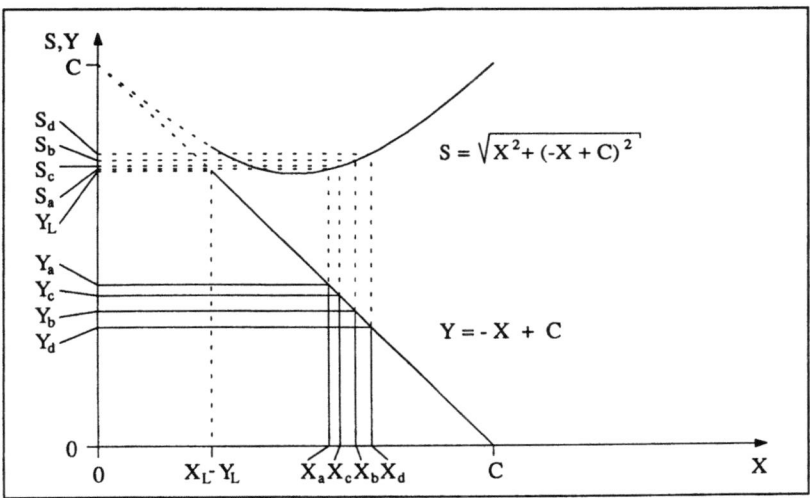

Bild 18: *Kathetenwerte als Wertepaare der Funktion $Y = -X + C$ und Flächenschwerpunktsabstände als Funktion $S = \sqrt{X^2 + (C - X)^2}$*

Abhängig von der Konstanten C und den Werten X_a bis X_d lassen sich die Funktionswerte für Y_a bis Y_d bzw. die Flächenschwerpunktsabstände S_a bis S_d ablesen. Die beiden Funktionen Y(X) und S(X) sind für quadratische Ladungsträger ($X_L = Y_L$) für $X \in [0 ; C]$ definiert. Weiterhin ist S(X) minimal für $X = Y$ und erreicht für $X = 0$ und $X = C$ das Maximum. Das Maximum der vier Flächenschwerpunktabstände läßt sich jedoch nicht allgemeingültig ablesen.

Setzt man (21) entsprechend in (20) ein so ergibt sich das Quadrat des Flächenschwerpunktabstands S_a wie folgt :

$$S_a^2 = X_L^2 + Y_L^2 + \frac{X_1^2 + X_p^2 + Y_1^2 + Y_p^2}{4} - \qquad (27)$$
$$(X_1 + X_p) * X_L - (Y_1 + Y_p) * Y_L + \frac{X_1 * X_p + Y_1 * Y_p}{2}$$

Durch Vertauschen von X und Y sowie der Indizes 1 und p ergeben sich die Flächenschwerpunktabstände S_b, S_c und S_d als :

$$S_b^2 = X_L^2 + Y_L^2 + \frac{X_1^2 + X_p^2 + Y_1^2 + Y_p^2}{4} - \quad (28)$$
$$(Y_1 + X_p) * X_L - (X_1 + Y_p) * Y_L + \frac{Y_1 * X_p + X_1 * Y_p}{2}$$

$$S_c^2 = X_L^2 + Y_L^2 + \frac{X_1^2 + X_p^2 + Y_1^2 + Y_p^2}{4} - \quad (29)$$
$$(X_1 + Y_p) * X_L - (Y_1 + X_p) * Y_L + \frac{X_1 * Y_p + Y_1 * X_p}{2}$$

$$S_d^2 = X_L^2 + Y_L^2 + \frac{X_1^2 + X_p^2 + Y_1^2 + Y_p^2}{4} - \quad (30)$$
$$(Y_1 + Y_p) * X_L - (X_1 + X_p) * Y_L + \frac{Y_1 * Y_p + X_1 * X_p}{2}$$

Für den optimalen Setzabstand für zwei Packstücke mit unterschiedlicher Höhe ist das Maximum der vier Setzalternativen zu finden :

$$\text{Maximum}(S_a, S_b, S_c, S_d) \quad (31)$$

Eine einfachere Form der Darstellung kann nicht gefunden werden, so daß sich das Maximum der vier Setzabstände für beliebige Ladungsträger- und Packstückabmessungen nicht direkt ermitteln läßt.

Allerdings sind die ersten drei Summanden bei allen vier Setzabständen gleich. Das Maximum bzw. Minimum läßt sich allgemeingültig durch Subtraktion ableiten, falls nachgewiesen werden kann, daß die Differenz von einem Setzabstand zu jedem anderen immer größer gleich bzw. kleiner gleich 0 ist :

$$S_d^2 - S_a^2 = (X_L - Y_L) * ((X_1 - Y_1) + (X_p - Y_p)) \geq 0 \quad (32)$$

Aus (2) folgt, daß der Multiplikand $(X_L - Y_L) \geq 0$ ist und die beiden Summanden $(X_1 - Y_1)$ und $(X_p - Y_p)$ des Multiplikators ≥ 0 sind. Daraus folgt unmittelbar, daß die Differenz $(S_d^2 - S_a^2) \geq 0$ ist. Entsprechend lassen sich über die Differenzen $(S_d^2 - S_b^2)$ und $(S_d^2 - S_c^2)$ Aussagen berechnen.

$$S_d^2 - S_b^2 = (X_p - Y_p) * \left[\frac{X_1 - Y_1}{2} + (X_L - Y_L) \right] \geq 0 \quad (33)$$

$$S_d^2 - S_c^2 = (X_1 - Y_1) * \left[\frac{X_p - Y_p}{2} + (X_L - Y_L) \right] \geq 0 \qquad (34)$$

Mit Hilfe von (32), (33) und (34) läßt sich zeigen, daß S_d das Maximum über alle Flächenschwerpunktabstände darstellt. So ergibt sich die Anordnung im Fall d als diejenige, bei der die beiden Packstücke am weitesten voneinander entfernt sind.

Interessant bleibt zu erwähnen, daß sich zwischen S_a, S_b und S_c keine allgemeingültige Relation ableiten läßt. Bei diesem Zusammenhang erweist sich Strategie 1 auch in Verbindung mit einem weiteren Packstück als optimal.

Strategie 3 :   Das zweite Packstück, das höher ist als das ersten Packstück, wird auf dem Ladungsträger in die gegenüberliegende Ecke gesetzt, so daß unter Minimierung des Raumverschnitts ein möglichst großer Abstand zum ersten Packstück entsteht. Kann eine Ladungsträgeraußenkante vollständig belegt werden, wird das zweite Packstück an das erste angesetzt.

4.3.2.3 Folgepackstück mit niedrigerer Höhe

Packstücke mit niedrigerer Höhe als das erste Packstück auf dem Ladungsträger stellen den zweiten Fall der in Kapitel 4.3.2.2 (S. 49) getroffenen Fallunterscheidung dar.

Ein Folgepackstück mit niedrigerer Höhe wird nach den gleichen Strategien wie ein Packstück mit größerer Höhe auf dem Ladungsträger plaziert. Zusätzlich kann es auch ohne das Belegen einer vollständigen Ladungsträgeraußenkante an das erste Packstück angelegt werden, da sich keine neuen Störkanten in z-Richtung innerhalb des bereits bestehenden Packstückgebirges ausbilden. Zum Bilden von gemeinsamen großen Setzflächen kann versucht werden, die Höhe des ersten Packstücks mit weiteren Packstükken, die auf das zweite Packstück plaziert werden, zu erreichen.

Strategie 4 :   Das zweite Packstück, das niedriger ist als das erste Packstück auf dem Ladungsträger, wird wie höhere Packstücke in die gegenüberliegende Ecke gesetzt. Es kann auch wie ein Packstück mit gleicher Höhe an das erste Packstück angesetzt werden.

4.3.3 Folgerungen aus den bereits abgeleiteten Strategien für das Plazieren weiterer Packstücke

Für die Plazierung der ersten beiden Packstücke auf dem leeren Ladungsträger wurden optimale Positionen und Drehlagen in Abhängigkeit von den Packstückabmessungen abgeleitet und in Strategien formuliert. Aufgrund der unbekannten Kommission und des geringen Pufferumfangs können für weitere Packstücke nur schwer optimale Plazierungen im voraus berechnet werden. Für die weiteren Packstücke ist es notwendig, heuristische Entscheidungshilfen zum Palettieren in Strategien zu formulieren. Abhängig von dem aktuellen Packstückgebirge auf dem Ladungsträger und dem Packstückangebot im Puffer müssen mit Hilfe der Strategien gute bis sehr gute Plazierungen gefunden oder aber Kompromisse eingegangen werden.

Der leere Ladungsträger entspricht einer ebenen Setzfläche, auf die Packstücke gesetzt werden können. Werden Packstücke palettiert, so werden zum einen Setzflächen zerteilt und zum anderen entstehen neue Setzflächen auf der Oberfläche des gesetzten Packstücks. Die bereits für den leeren Ladungsträger entwickelten Strategien können somit für alle ebenen rechteckigen Setzflächen innerhalb des Packstückgebirges benutzt werden.

Die freie Wahl der Ecke zum Plazieren des ersten Packstücks beim leeren Ladungsträger wird bei einem ebenen Setzplatz, der bereits mit anderen Packstücken unterschiedlicher Höhenniveaus umgeben ist, durch die noch zu entwickelnde Feinpositionierung entschieden.

Werden die bereits entwickelten Strategien beim Palettieren weiterer Packstücke sukzessive auf die verbleibenden Setzflächen auf dem Ladungsträger angewendet, so ergibt sich, abhängig von den unterschiedlichen Höhen der gesetzten Packstücke, ein Höhenprofil, auf welches über kurz oder lang andere Packstücke gesetzt werden müssen.

Um keine Türme aus kleineren Packstücken auf größere Packstücke zu erzeugen, müssen Strategien entwickelt werden, die mit geringem Raumverschnitt für nachfolgende Packstücke stabile Plazierungen auf anderen Packstücken finden.

4.3.4 Bilden von neuen Ebenen

Beim Füllen von Lücken innerhalb des Packstückgebirges wird als Erweiterung von Strategie 2 ein Packstück ausgewählt, das die Lücke möglichst höhenbündig ausfüllt. Sind X_s und Y_s die Abmessungen der Lücke und ist Z_a und Z_b der Höhenunterschied zum niedrigsten bzw. höchsten, die Lücke umgebenden Packstück, so gilt für ein Packstück, das die Lücke ausfüllt und nicht aus der Lücke herausragt :

$$(X_l - X_p \geq 0) \land (Y_l - Y_p \geq 0) \land (Z_l - Z_p \geq 0) \qquad (35)$$

Um den Raumverschnitt zu minimieren wird aus den Packstücken, die in die Lücke passen, dasjenige ausgewählt, das bezüglich seiner Grundfläche die Lücke optimal ausfüllt :

$$\text{Minimum} ((X_l - X_p) * (Y_l - Y_p)) \qquad (36)$$

Strategie 5 : Eine Lücke wird mit einem Packstück gefüllt, das nicht aus der Lücke herausragt und bezüglich seiner Grundfläche die Lücke mit dem geringsten Raumverschnitt ausfüllt (*Bild 19*).

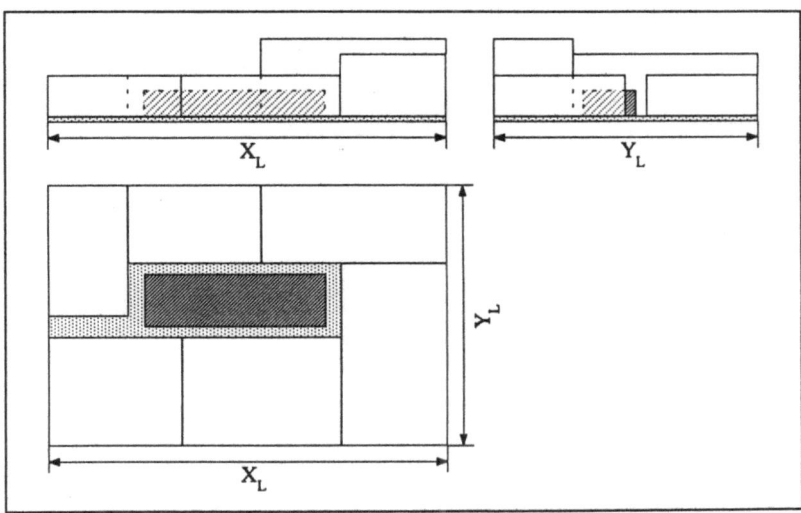

Bild 19: Füllen von Lücken mit flachen Packstücken

Das Packstück in der Mitte des Ladungsträgers in *Bild 19* verursacht einen großen Raumverschnitt. Nicht selten resultieren solche relativ großen Lücken aus der geringen Packstückauswahl im Puffer.

Für Packstücke, die eine Lücke nach (36) füllen, aber über die niedrigste, sie umgebende Packstückoberfläche hinausragen und niedriger als die höchste sie umgebende

Packstückoberfläche sind, gilt folgende Beziehung :

$$Z_a < Z_p \leq Z_b \tag{37}$$

Um den Raumverschnitt zu minimieren wird nach (36) ebenfalls das Packstück ausgewählt, das bezüglich seiner Grundfläche die Lücke optimal ausfüllt.

Strategie 6 : Eine Lücke wird mit einem Packstück gefüllt, das aus der Lücke herausragt, aber die es umgebenden Packstücke nicht überragt und bezüglich seiner Grundfläche die Lücke mit dem geringsten Raumverschnitt ausfüllt (*Bild 20*).

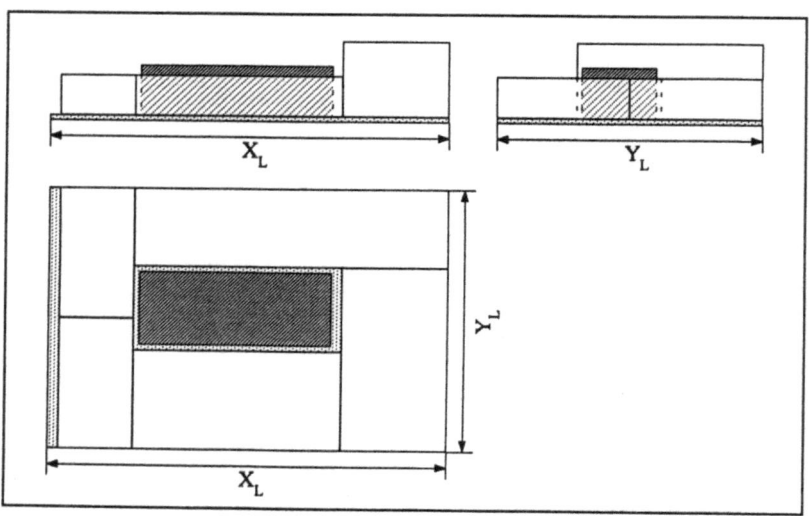

Bild 20: Füllen von Lücken und Bilden von neuen Ebenen

Im Gegensatz zu *Bild 19* wird durch das mittlere Packstück in *Bild 20* ein geringerer Raumverschnitt erzielt. Auf der anderen Seite sind zusätzliche Störkanten im Höhenprofil des Ladungsträgers entstanden.

Für Packstücke, die das höchste, sie umgebende Packstück überragen, gilt :

$$Z_p > Z_b \tag{38}$$

Sie sollten nur zum Füllen von Lücken verwendet werden, falls sich die Lücke an der

Außenkante der Ladeeinheit befindet. Wird ein solches Packstück zum Füllen von Lücken in der Mitte der Ladeeinheit verwendet, entstehen wie in *Bild 20* gezeigt neue Störkanten im Höhenprofil.

Strategie 7 : Eine Lücke an der Außenkante der Ladeeinheit kann mit einem Packstück gefüllt werden, welches die es umgebenden Packstücke überragt und bezüglich seiner Grundfläche die Lücke mit dem geringsten Raumverschnitt ausfüllt *(Bild 21)*.

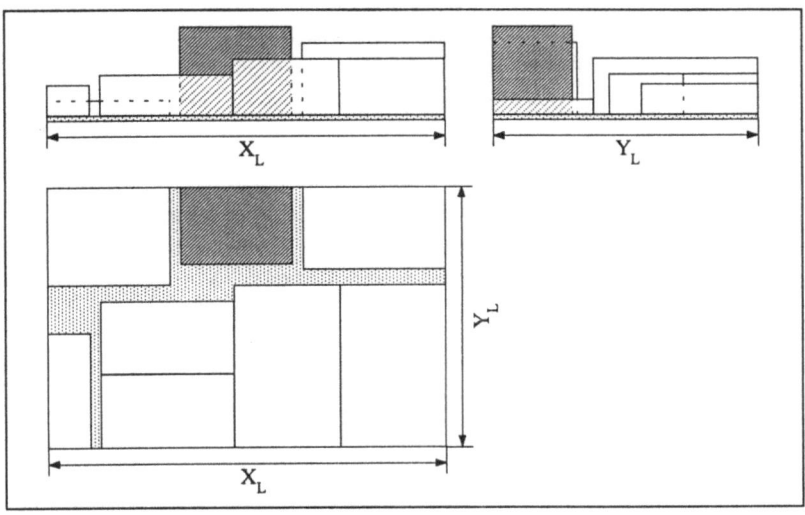

Bild 21: *Füllen von Lücken und Bilden von neuen Ebenen an Außenkanten*

Das Packstück im Hintergrund des Ladungsträgers in *Bild 21* wurde innerhalb der Lücke, in die es gesetzt wurde, ganz an die Außenkante des Ladungsträgers geschoben, um auf den beiden flachen Packstücken im Vordergrund genügend Platz für die Plazierung anderer Packstücke zu lassen.

4.3.5 Plazieren von Packstücken auf bereits palettierten Packstücken

Mit Hilfe der abgeleiteten Strategien wird der Ladungsträger schrittweise befüllt, bis keines der Packstücke im Puffer auf die Ladungsträgergrundfläche plaziert werden kann. Somit ist es notwendig die möglichen Plazierungen von Packstücken auf dem bestehenden Packstückgebirge systematisch zu untersuchen und daraus weitere Strategien abzuleiten.

Auf dem Ladungsträger lassen sich Packstücke zu Türmen zusammenstellen. Voraussetzung ist, daß unter den Packstücken im Puffer ein Packstück p vorhanden ist, das auf der Oberfläche des Packstücks i auf der Ladeeinheit genügend Platz findet :

$$X_p - X_i < \varepsilon_x \quad \wedge \quad Y_p - Y_i < \varepsilon_y \tag{39}$$

Strategie 8 : Packstücke können auf bereits plazierte Packstücke stabil abgesetzt werden, falls die Standfläche des Pufferpackstücks kleiner ist als die Oberfläche des Packstücks, das bereits auf dem Ladungsträger plaziert wurde (*Bild 22*).

In *Bild 22* ist das obere Packstück p nicht auf die Mitte der Oberfläche des unteren Packstücks i gesetzt worden, sondern das obere kleinere Packstück wurde an der Ladungsträgeraußenkante, d. h. im Eck plaziert. Die notwendigen Strategien, die in Abhängigkeit von den umliegenden Packstücken die Feinpositionierung auf dem Setzplatz vornehmen, sind in Kapitel 4.4 (S. 62) noch zu entwickeln.

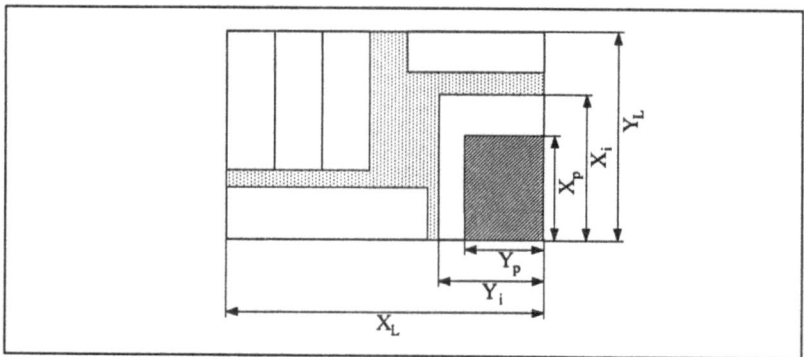

Bild 22:   Packstücke auf andere Packstücke aufsetzen

Dieser triviale Fall, der längerfristig zur Bildung von Türmen führen würde, wird erweitert, indem Lücken zwischen zwei annähernd gleichhohen Packstücken, die eine Breite kleiner als δ besitzen, mit anderen, möglicherweise großflächigen Packstücken, überbaut werden. Solange das Höhengefüge der bereits gesetzten Packstücke innerhalb der erforderlichen Toleranz ε_z liegt, werden nicht mehr benutzbare Lücken dadurch geschlossen und durch Verbundstapeln der Packstücke auf der Ladeeinheit die Stabilität des gesamten Stapels erhöht.

Im Gegensatz zu den unteren Bereichen einer Ladeeinheit können bei den letzten Packstücken oben auf der Ladeeinheit größere Toleranzen zugelassen werden, ohne die Stabilität der gesamten Ladeeinheit zu verringern.

Strategie 9 : Lücken werden durch das Überbauen mit anderen Packstücken geschlossen, falls sie für das kleinste Packstück keinen Setzplatz bieten und das Höhengefüge der bereits gesetzten Packstücke ein stabiles Setzen erlaubt *(Bild 23 links)*.

Für Packstücke, die größer sind als alle Oberflächen von bereits gesetzten Packstücken und größer sind als die zusammengefaßten Oberflächen von überbaubaren Packstücken, besteht in geringem Umfang die Möglichkeit das nächste Packstück auf Flächen zu setzen, über die sie auf einer oder bis zu allen vier Seiten hinauskragen :

$$\exists p \text{ mit } X_p - X_i \geq \varepsilon_x \quad \vee \quad Y_p - Y_i \geq \varepsilon_y \qquad (40)$$

Strategie 10 : Packstücke werden überkragend gesetzt, solange sich ihr Flächenschwerpunkt innerhalb der Setzfläche befindet und der Raumverschnitt der überdeckten Flächen nicht zu hoch ist *(Bild 23 rechts)*.

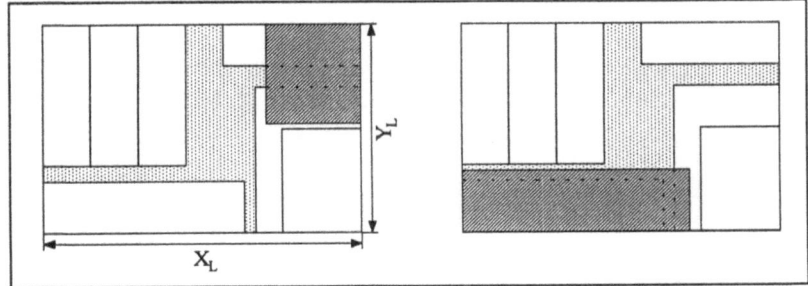

Bild 23: *Schließen von schmalen Lücken (links) und Überkragen von Packstücken (rechts)*

4.3.6 Überbrücken von größeren Lücken

Größere Lücken zeichnen sich dadurch aus, daß die Breite und/oder die Länge das Plazieren des kleinsten Packstücks erlauben würde :

$$X_s > \delta \quad \vee \quad Y_s > \delta \tag{41}$$

Diese Lücken müssen früher oder später überbaut werden, falls sich im Packstückpuffer kein solches Packstück befindet. Die Strategie 10 kann noch weiter ausgebaut werden, da sich Packstücke stabil auf andere Packstücke plazieren lassen, obwohl sich der Flächenschwerpunkt nicht innerhalb der Setzfläche befindet. Dies ist im besonderen beim Schließen größerer Lücken der Fall, wobei die Packstückgrundfläche i. a. wesentlich größer ist als die Summe der überdeckten Packstückoberflächen :

$$(X_p * Y_p) \gg \sum_{i=1}^{I} (X_{i,p} * Y_{i,p}) \tag{42}$$

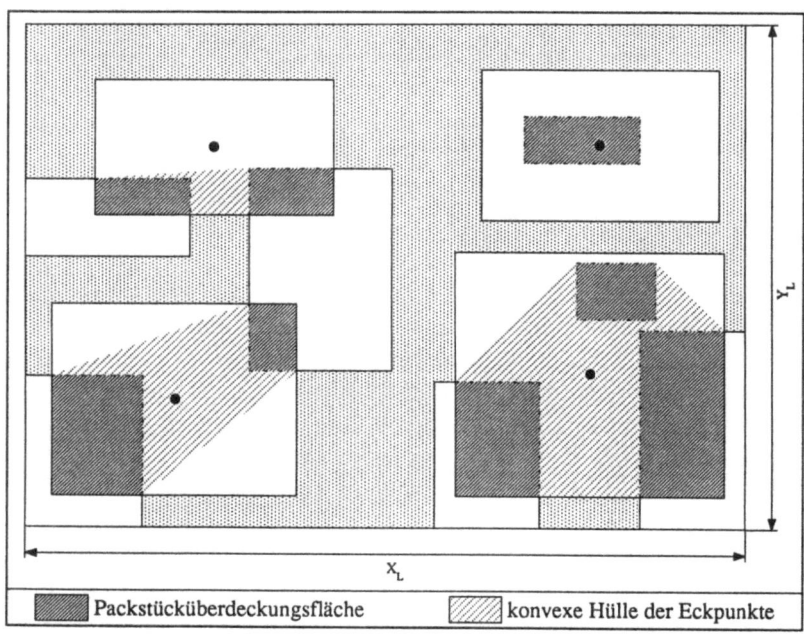

Bild 24: Instabile Plazierungen (oben links), stabile Plazierungen (oben rechts, unten links) und sehr stabile Plazierungen (unten rechts)

Wichtig für eine stabile Lage ist, daß keine Kippmomente an dem zu plazierenden Packstück auftreten. *Bild 24* zeigt an vier Packstücken, die auf andere Packstücke plaziert sind, die Überdeckungsflächen mit den unteren Packstücken.

Zwischen je zwei Eckpunkten der überdeckten Packstückoberflächen läßt sich eine Gerade ziehen, welche die Ebene in zwei Halbebenen teilt. Ein Kippmoment entsteht, falls der Flächenschwerpunkt des zu setzenden Packstücks in einer Halbebene liegt, in der keine Eckpunkte von überdeckten Packstückoberflächen liegen. Somit liegt eine stabile Plazierung vor, falls der Flächenschwerpunkt des zu setzenden Packstücks für alle Kippgeraden auf der Seite der Halbebene der Eckpunkte der überdeckten Packstückoberflächen liegt. Liegt der Flächenschwerpunkt innerhalb der konvexen Hülle /67/ der Eckpunkte der Überdeckungsflächen, so kann das Packstück stabil plaziert werden. Der Flächeninhalt der konvexen Hülle und der Abstand zwischen Flächenschwerpunkt und dem Flächenschwerpunkt des zu plazierenden Packstücks ist ein Maß für die erreichbare Stabilität.

Strategie 11 : Packstücke können auf andere Packstücke stabil gesetzt werden, falls ihr Flächenschwerpunkt innerhalb der konvexen Hülle der Eckpunkte der überdeckten Packstückoberflächen liegt.

4.3.7 Bilden von bündigen Außenkanten

Mit der Außenkante der Ladeeinheit bündig plazierte Packstücke und übereinander versetzt plazierte Packstücke stabilisieren die Ladeeinheit zusätzlich. Das bündige Plazieren leitet sich wie bei Strategie 1 aus (9) bzw. (10) ab. Ein an einer der vier Außenkanten oder Ecken gesetztes Packstück läßt den verbleibenden Platz als Ganzes für weitere Packstücke frei. Für die Vorzugslage einer Setzfläche der Packstücke an den Außenkanten der Ladeeinheit ergibt sich die größte Grundfläche des Packstücks. Zusätzlich können in die dadurch in der Mitte des Ladungsträgers entstehenden Lücken gedrehte oder gekippte Packstücke hochkantig gestellt werden, ohne daß diese durch ihre instabile Lage von der Ladeeinheit fallen. Sie stützen sich seitlich an den bereits gesetzten Packstücken ab.

Durch das bündige Setzen werden ebene Ladeeinheitsaußenflächen erzeugt, die ein Überstreifen eines Ladungssicherungsmittels (z. B. Schrumpffolie) erleichtern. Beim Umwickeln mit Folie verhindert das außenbündige Setzen, im Vergleich zum bündigen Setzen innerhalb der Ladeeinheit, das Auseinanderfallen der Ladeeinheit durch die seitlich eingeleiteten Kräfte.

Strategie 12: Zur Erhöhung der Stabilität der Ladeeinheit und zum Erzeugen von Schächten für hochkant zu setzende Packstücke, sollen Packstücke bündig mit den Außenkanten des Ladungsträgers plaziert werden.

4.3.8 Zusammenfassung der Grobpositionierungsstrategien

Die hergeleiteten Strategien zur Grobpositionierung der Packstücke (*Bild 25*) auf dem Ladungsträger geben Richtlinien vor, für welche Bereiche auf der bereits palettierten Ladeeinheit ein Packstück im Puffer geeignet ist, wobei die genaue Plazierung innerhalb des Setzplatzes durch die anschließend zu entwickelnden Feinpositionierungsstrategien festgelegt.wird.

Grobpositionierungsstrategien

1 Erstes Packstück auf einer neuen Setzebene in eine Ecke plazieren
2 Packstücke mit annähernd gleicher Höhe aneinander setzen
3 Höhere Packstücke von niedrigeren Packstücken wegsetzen und Ladungsträgeraußenkanten bzw. Ecken bevorzugen
4 Niedrigere Packstücke an höhere Packstücke ansetzen
5 Lücken zwischen Packstücken mit niedrigen Packstücken auffüllen
6 Lücken mit einem hohen Packstück auffüllen
7 Lücken an Außenkante mit einem sehr hohen Packstück auffüllen
8 Packstücke stabil auf andere großflächige Packstücke plazieren
9 Schmale Lücken zwischen Packstücken überbauen
10 Packstücke überkragend auf andere Packstückoberflächen setzen
11 Packstücke stabil über mehrere andere Packstücke setzen
12 Packstücke bündig mit Ladungsträgeraußenkanten plazieren

Bild 25: Grobpositionierungsstrategien

Durch die Problemhalbierung in Grob- und Feinpositionierungsstrategien ist es nicht mehr notwendig, die Überprüfung aller möglichen Setzplätze auf der Ladeeinheit für alle Packstücke im Puffer durchzuführen. Die erforderliche Rechenzeit zur Bestimmung der Position des Packstücks auf dem Ladungsträger wird so deutlich minimiert.

4.4 Strategien zur Feinpositionierung von Packstücken

Nachdem nun die Plazierungsalternativen für jedes Packstück im Puffer bekannt sind, müssen verfeinerte Positionierungsstrategien entwickelt werden, um den Raumverschnitt weiter zu minimieren und so den Füllgrad der Ladeeinheit weiter zu steigern.

Die Anwendung der entwickelten Strategien zur Grobpositionierung sind nicht an bestimmte Packstückgebirge auf dem Ladungsträger gebunden, sondern können lokal auf aktuelle Situationen in Teilbereichen der Ladeeinheit angewendet werden. Selbst die Strategien 1, 2, 3 und 4, die sich scheinbar nur auf den Anfang der Packmustergenerierung anwenden lassen, können benutzt werden, um ggf. neue Lagen oder Teillagen zu bilden. Allerdings liefern die Grobpositionierungsstrategien nur einen Vorschlag, auf welche Fläche der bereits palettierten Ladeeinheit das Packstück gesetzt werden kann.

Welche Setzflächen für ein Packstück im Puffer möglich sind, ergibt sich aus den Packstückabmessungen und der aktuellen Struktur des Packstückgebirges auf dem Ladgungsträger. Bei den Setzplätzen handelt es sich nicht wie bei Strategie 8 nur um Oberflächen von bereits gesetzten Packstücken, sondern durchaus wie bei Strategie 9, 10 und 11 um Setzplätze, die sich aus den Überdeckungsflächen mit anderen Packstücken zusammensetzen.

Es ist davon auszugehen, daß in den seltensten Fällen die Packstückgrundfläche exakt der Grundfläche der möglichen Setzfläche entspricht. Somit müssen die Strategien zur Feinpositionierung der Packstücke unter Berücksichtigung des Raumverschnitts eine stabile Setzposition des Packstücks innerhalb der Setzfläche ermitteln.

Die Strategien zur Feinpositionierung von Packstücken auf Setzflächen werden maßgeblich durch die Packstücke, welche die Setzfläche umgeben, beeinflußt. Ausgehend von Setzflächen ohne Begrenzung durch andere Packstücke sollen systematisch über die Zahl der begrenzten Seiten des Setzplatzes die notwendigen Feinpositionierungstrategien abgeleitet werden.

4.4.1 Mögliche Positionen auf einer Setzfläche

Wird aufgrund der Grobpositionierungsstrategien für ein Packstück p ein Setzplatz s vorgeschlagen, so ist garantiert, daß die Grundfläche des Packstücks vollständig auf die Setzfläche paßt :

$$X_p - X_s < \varepsilon_x \quad \wedge \quad Y_p - Y_s < \varepsilon_y \qquad (43)$$

Damit ergibt sich in Anlehnung an (9) bzw. (10) für die genaue Position des Packstücks auf der Setzfläche folgende Beziehung :

$$X_s = X_a + X_p + X_b$$
$$Y_s = Y_a + Y_p + Y_b \qquad (44)$$

oder

$$X_s = X_a + Y_p + X_b$$
$$Y_s = Y_a + X_p + Y_b \qquad (45)$$

wobei X_a, X_b, Y_a und $Y_b \geq 0$ die Abstände zu den Setzplatzaußenkanten darstellen. Die genauen Entscheidungskriterien zum Festlegen der vier Werte müssen durch die Feinpositionierungsstrategien bestimmt werden. Dabei soll neben der Stablilität das Anlehnen von Packstücken an bereits gesetzte Packstücke und das höhenbündige Ansetzen an andere Packstücke mit berücksichtigt werden. Für die Feinpositionierung eines Packstücks, auf der durch die Grobpositionierungsstrategien festgelegten Setzfläche, ergeben sich in der 0° Drehlage drei unterschiedliche Positionen (*Bild 26*) :

$$\begin{aligned}&(X_a \neq 0 \wedge X_b \neq 0 \wedge Y_a \neq 0 \wedge Y_b \neq 0) & \text{beliebig} \\ &(X_a = 0 \vee X_b = 0 \vee Y_a = 0 \vee Y_b = 0) & \text{Seitenkante} \\ &(X_a = 0 \wedge Y_a = 0) \vee (X_a = 0 \wedge Y_b = 0) \vee & \text{Ecke} \\ &(X_b = 0 \wedge Y_a = 0) \vee (X_b = 0 \wedge Y_b = 0) & \end{aligned} \qquad (46)$$

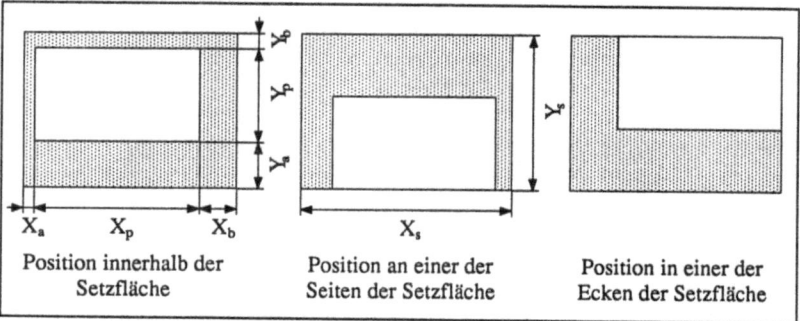

Bild 26: *Feinpositionierung eines Packstücks auf einer Setzfläche*

Abhängig von den Packstücken, die den Setzplatz umgeben, werden nun Feinpositionierungsstrategien systematisch durch Fallunterscheidung abgeleitet, die die genaue Position des Packstücks auf dem Setzplatz festlegen.

4.4.2 Freies Setzen eines Packstücks auf andere

Wird ein Packstück nach der Grobpositionierung auf eine Setzfläche plaziert, welche die aktuell höchste Packstückoberfläche bildet, so handelt es sich, in Erweiterung zu Strategie 1, um den Beginn einer neuen Lage. Der Setzplatz besitzt meistens eine Außenkante deckungsgleich zu einer Ladungsträgeraußenkante. In solchen Fällen ist aus Stabilitätsgründen aus den möglichen Feinpositionierungen aus *Bild 26* diejenige zu wählen, die das zu setzende Packstück ebenfalls deckungsgleich über eine Ladungsträgeraußenkante setzt. Handelt es sich nach Strategie 8 um eine freie Plazierung eines Packstücks auf einem anderen Packstück, ohne Überdeckung der Setzflächenkanten mit Ladungsträgeraußenkanten, so muß der Schwerpunkt des zu plazierenden Packstücks mit dem Schwerpunkt des bereits gesetzten Packstücks zur Überdeckung gebracht werden.

Strategie 13 : Packstücke werden auf andere Packstücke so gesetzt, daß die Schwerpunkte sich überdecken oder die Außenkanten der beiden Packstücke parallel über den Außenkanten des Ladungsträgers liegen (*Bild 27*).

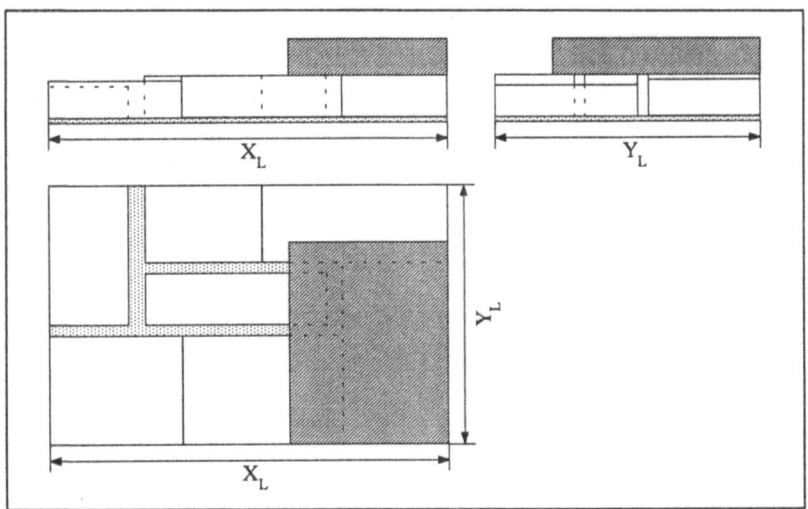

Bild 27:   *Feinpositionierung eines Packstücks auf anderen Packstücken*

In *Bild 27* wurde das Packstück vorne rechts, in die Ecke auf die anderen Packstücke gesetzt und an zwei Ladungsträgeraußenkanten ausgerichtet.

4.4.3 Setzen bei einseitiger Begrenzung

Befindet sich an einer der vier Seiten, der durch die Grobpositionierung bestimmten Setzfläche, ein Packstück, dessen Oberfläche höher ist, als die Höhe der Setzfläche, so muß zur Minimierung des Raumverschnitts das zu plazierende Packstück dicht an dieses Packstück angesetzt werden. Dies gilt insbesondere, falls die beiden Packstücke nach Strategie 2 höhenbündig abschließen und somit für weitere Packstücke eine große zusammenhängende Setzfläche bilden, die durch das Plazieren großer Packstücke zur Erhöhung der Stabilität benutzt werden kann.

Falls sich die Höhen der beiden Packstückoberflächen, wie bei den Strategien 3 und 4, wesentlich unterscheiden, so werden die Packstücke aus Gründen der Minimierung des Raumverschnitts ebenfalls aneinandergesetzt, so daß sich folgendes zusammenfassen läßt :

Strategie 14 :   Ein Packstück wird dicht neben ein anderes Packstück gesetzt, so daß der Raumverschnitt minimiert wird und sich nach Möglichkeit eine gemeinsame Oberfläche ausbildet, die später als Setzfläche für größere Packstücke genutzt werden kann (*Bild 28*).

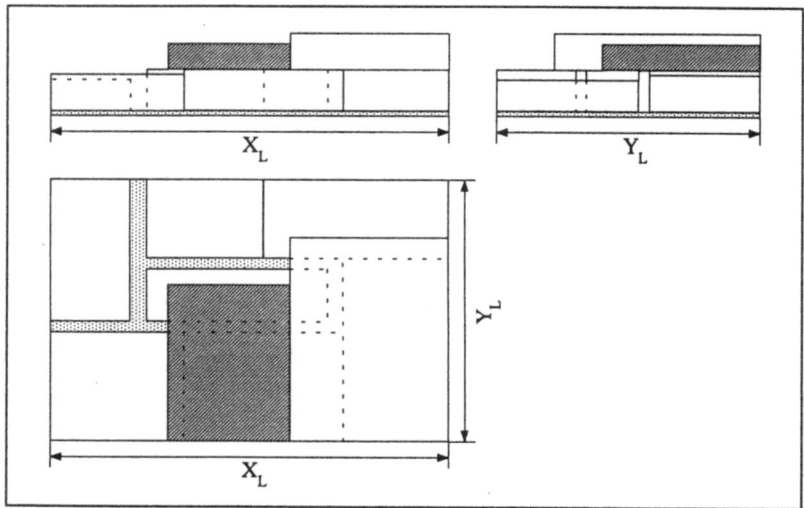

Bild 28:   Feinpositionierung eines Packstücks neben einem anderen Packstück

In *Bild 28* wurde das Packstück in der "zweiten Ebene", das niedriger und kürzer ist als das erste Packstück in dieser Ebene, mit Hilfe der Feinpositionierung dicht an das erste Packstück und bündig mit der Ladungsträgeraußenkante gesetzt.

4.4.4 Setzen bei zweiseitiger Begrenzung

Für den Fall, daß sich neben dem zu setzenden Packstück zwei andere Packstücke befinden, deren Oberfläche die Setzfläche überragen, können grundsätzlich zwei Fälle unterschieden werden :

- Die beiden Packstücke befinden sich auf gegenüberliegenden Seiten des Setzplatzes (links-rechts oder oben-unten)

- Die beiden Packstücke befinden sich an zwei benachbarten Seiten des Setzplatzes (links-oben, links-unten, rechts-oben oder rechts-unten)

Ein Setzplatz, wie im ersten Fall, wird aufgrund der entwickelten Grobpositionierungsstrategien 5, 6 und 7 nur vorgeschlagen, falls die Länge bzw. Breite des zu plazierenden Packstücks die Lücke zwischen den beiden Packstücken nahezu vollständig ausfüllt.

Besteht in einer Richtung nicht mehr die Möglichkeit das kleinste Packstück unterzubringen, so muß zur Stabilitätserhöhung die Gesamtbreite der entstehenden Lücke (z. B. $X_a + X_b$) gleichmäßig auf zwei Lücken neben dem Packstück verteilt werden.

Für die Ausrichtung in der jeweils anderen Richtung wird das Packstück bündig mit einer Ladungsträgeraußenkante oder bündig mit einem oder allen beiden der bereits plazierten Packstücke gesetzt, um keine neuen Störkanten zu erzeugen.

Strategie 15 : Ein Packstück wird mittig zwischen zwei Packstücken plaziert, falls kein anderes Packstück mehr in die verbleibende Lücke paßt. Hat noch ein Packstück in der Lücke Platz, so wird das Packstück dicht an eines der beiden Packstücke gesetzt, um den Raumverschnitt zu minimieren (*Bild 29*).

Das Packstück in der Mitte von *Bild 29* wurde mittig zwischen die beiden großen Packstückreihen gesetzt. Zur Ausrichtung in der anderen Richtung wurde das Packstück bündig mit der Ladungsträgeraußenkante plaziert.

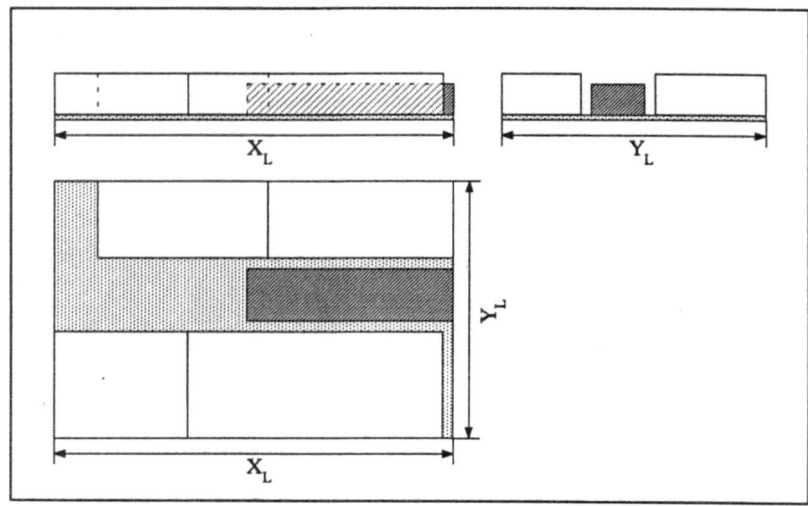

Bild 29: Feinpositionierung bei zweiseitiger gegenüberliegender Begrenzung des Setzplatzes

Der zweite Fall, bei dem sich die beiden begrenzenden Packstücke an zwei benachbarten Seiten des Setzplatzes befinden, tritt aufgrund der Grobpositionierungsstrategie 5 und 6 nur bei Packstücken auf, die die beiden angrenzenden Packstücke nicht überragen. Das zu plazierende Packstück muß wie in Strategie 14 zur Minimierung des Raumverschnitts ganz in die Ecke gesetzt werden, die durch die beiden bereits plazierten Packstücke gebildet wird.

Einzige Ausnahme bildet die freie Lücke in der Ecke des Ladungsträgers, die von zwei Packstücken gebildet wird. Das zu plazierende Packstück wird zur Erhöhung der Stabilität des gesamten Packstückstapels wie in Strategie 1 ganz in die Ecke des Ladungsträgers gesetzt.

Strategie 16 : Ein Packstück wird zur Minimierung des Raumverschnitts dicht in die von zwei anderen Packstücken gebildete Ecke hineingestellt oder in die Ecke des Ladungsträgers gesetzt, um die Stabilität zu erhöhen (*Bild 30*).

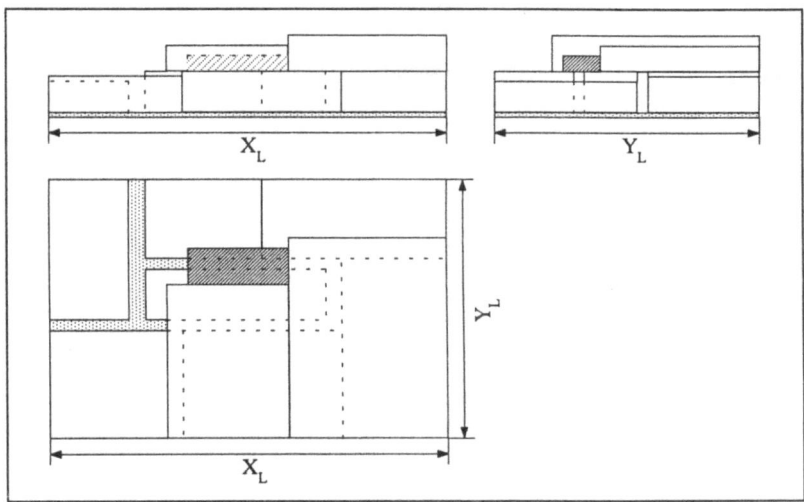

Bild 30: Feinpositionierung bei zweiseitiger benachbarter Begrenzung des Setzplatzes

In *Bild 30* wurde das kleine Packstück in der Mitte ganz in die Ecke plaziert, die die beiden bereits gesetzten Packstücke bilden. Die beschriebene Ausnahme, bei der das Packstück in das gegenüberliegende Ladungsträgereck plaziert wurde, ist in *Bild 30* oben links zu sehen.

4.4.5 Setzen bei drei- bzw. vierseitiger Begrenzung

Für die Ausrichtung des zu plazierenden Packstücks zwischen den beiden gegenüberliegenden Packstücken gilt im Fall einer drei bzw. vierseitigen Begrenzung des Setzplatzes Strategie 15 entsprechend.

Im Fall der dreiseitigen Begrenzung muß das Packstück dicht an das mittlere der drei bereits gesetzten Packstücke plaziert werden, um den Raumverschnitt zu minimieren oder muß zur Stabilitätserhöhung an der Außenkante des Ladungsträgers ausgerichtet werden.

Strategie 17 : Erweiternd zu Strategie 15 wird bei einer dreiseitigen Begrenzung das Packstück entweder dicht an das mittlere Packstück gesetzt, um den Raumverschnitt zu minimieren, oder bündig mit der Außenkante des Ladungsträgers gesetzt, um die Stabilität zu erhöhen (*Bild 31*).

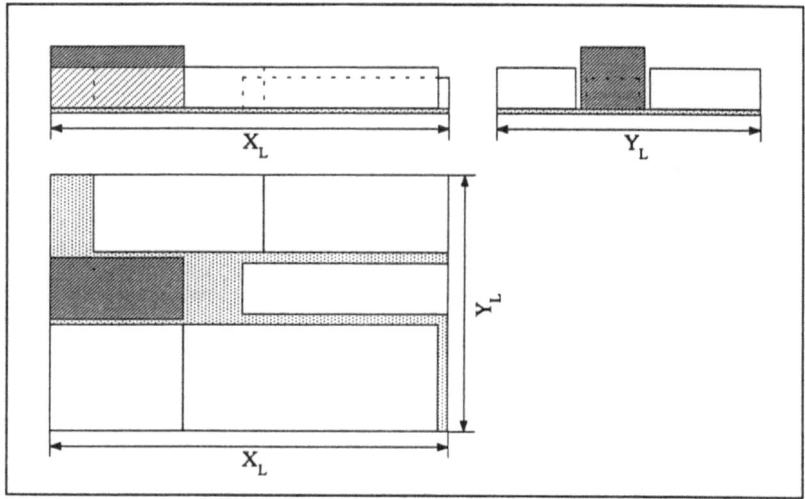

Bild 31: Feinpositionierung bei dreiseitiger Begrenzung des Setzplatzes

Das Packstück in *Bild 31* wurde zwischen die beiden großen Packstücke und zur Erhöhung der Ladungsstabilität bündig mit der Ladungsträgeraußenkante gesetzt.

Im Fall des vierseitig begrenzten Setzplatzes muß die Länge und/oder die Breite zur Erhöhung der Ladungsstabilität gleichmäßig aufgeteilt werden, falls die entstehenden Lücken das Setzen anderer Packstücke nicht mehr zulassen :

$$X_a = X_b = \frac{X_s - X_p}{2} \qquad Y_a = Y_b = \frac{Y_s - Y_p}{2} \qquad (47)$$

Die Feinpositionierung wird entsprechend Position 1 von *Bild 26* vorgenommen.

Können in der Länge oder Breite noch Packstücke untergebracht werden, so müssen X_a oder $X_b = 0$ bzw. Y_a oder $Y_b = 0$ gesetzt werden. Das Packstück wird somit dicht an eines der beiden begrenzenden Packstücke plaziert, um den Raumverschnitt zu minimieren, möglichst gleichhohe gemeinsame Setzflächen zu bilden und um Platz für weitere Packstücke zu lassen.

Strategie 18 : Strategie 15 wird bei vierseitiger Begrenzung des Setzplatzes auf die Länge und Breite entsprechend angewendet, um eine stabile Grundlage für weitere Packstücke zu bilden (*Bild 32*).

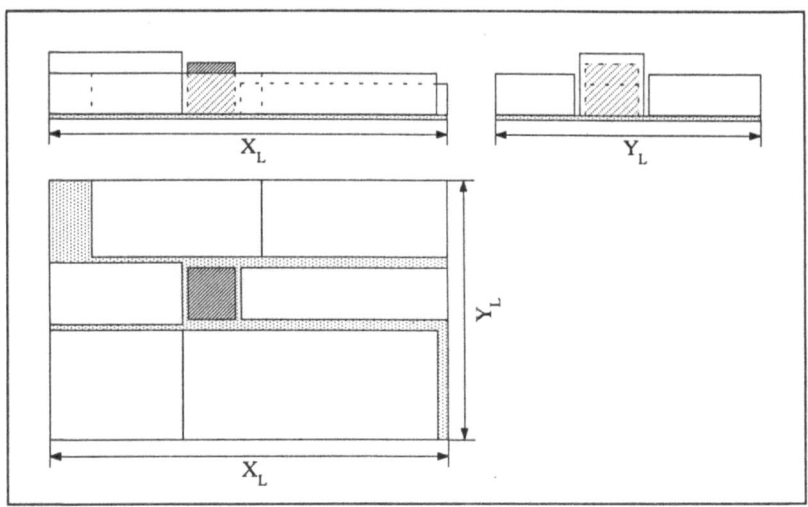

Bild 32: Feinpositionierung bei vierseitiger Begrenzung des Setzplatzes

Das Packstück in *Bild 32* wurde mittig in die Lücke gestellt, um für weitere Packstücke eine stabile Grundlage zu bilden.

4.4.6 Strategie zur Stabilitätserhöhung

Bei der automatischen Palettierung von Packstücken ist die Stabilität der Ladeeinheit für einen störungsfreien Automatikbetrieb sehr wichtig. Daher muß bei der Feinpositionierung von Packstücken auf Setzplätzen, die nicht nur aus einer Packstückoberfläche bestehen, auf gute Stabilität geachtet werden.

Strategie 11 stellt Setzplätze zur Verfügung, bei denen das Packstück auf mehrere andere Packstücke plaziert wird. Bei der Feinpositionierung ist auf eine Mindestauflagefläche bei jedem überdeckten Packstück zu achten, um die zulässige Flächenlast der Verpackung nicht zu überschreiten.

Weiterhin soll der Flächenschwerpunkt des zu setzenden Packstücks deutlich innerhalb der konvexen Hülle der Eckpunkte der Überdeckungsflächen liegen, um Kippmomente auch bei Erschütterungen auszuschließen. Der verbleibende Positionierungsfreiraum muß hinsichtlich des Raumverschnitts minimiert werden, so daß sich folgende Strategie zusammenfassen läßt :

Strategie 19 : Bei der Feinpositionierung des Packstücks gemäß Strategie 11 muß auf eine Mindestauflagefläche der überdeckten Packstücke geachtet werden und der Abstand des Grundflächenschwerpunkts zum Flächenschwerpunkt der konvexen Hülle der Eckpunkte der Überdeckungsflächen muß minimal sein, um eine stabile Lage zu gewährleisten.

4.4.7 Zusammenfassung der Feinpositionierungsstrategien

Die systematisch hergeleiteten Strategien zur Feinpositionierung der Packstücke (*Bild 33*) auf den von den Grobpositionierungsstrategien ermittelten Setzplätzen geben an, welches Packstück aus dem Puffer in welcher Position und Lage auf den Ladungsträger plaziert werden kann.

Feinpositionierungsstrategien

13	Beim freien Setzen von Packstücken Schwerpunkte überdecken und Außenkanten bevorzugen
14	Packstücke bei einseitiger Begrenzung nebeneinander setzen
15	Packstücke bei gegenüberliegender zweiseitiger Begrenzung mittig setzen und Außenkanten bevorzugen
16	Packstücke bei benachbarter zweiseitiger Begrenzung in die Ecke oder die Ladungsträgerecke setzen
17	Packstücke bei dreiseitiger Begrenzung mittig setzen und Außenkanten bevorzugen
18	Packstücke bei vierseitiger Begrenzung mittig setzen
19	Flächenschwerpunktsüberdeckung beim Überbauen mehrerer Packstücke

Bild 33: Feinpositionierungsstrategien

Durch diese Kombiniation von Grob- und Feinpositionierungsstrategien ist es nicht notwendig, alle möglichen Positionen des Packstücks auf dem Setzplatz zu überprüfen, so daß der erforderliche Rechenaufwand zur Bestimmung der genauen Position minimal ist.

Nachdem für jedes Packstück im Puffer die möglichen Positionen auf dem Ladungsträger bekannt sind, muß aus der Vielzahl der Möglichkeiten die Beste zum Plazieren des nächsten Packstücks herausgefunden werden. Dazu ist es notwendig, abhängig von der aktuellen Situation der Ladeeinheit Rangfolgen und Gewichtungen zwischen den Grob- und Feinpositionierungsstrategien festzulegen.

Diese dynamischen Gewichtungskriterien sollen den Raumverschnitt weiter minimieren und die Stabilität der Ladeeinheit erhöhen.

4.5 Gewichtungskriterien für die entwickelten Palettierstrategien

Die in Kapitel 4.3 und 4.4 entwickelten Strategien zur Grob- und Feinpositionierung von Packstücken auf einem Ladungsträger ermitteln genaue Setzplätze für alle Packstücke im Puffer. Für jedes Packstück stehen i. a. mehrere Setzplätze zur Verfügung, so daß unter den vielen Alternativen der Setzplatz und das dazugehörige nächste Packstück zum Palettieren ausgewählt werden muß.

4.5.1 Vorüberlegungen zum paarweisen Vergleich der Grobpositionierungsstrategien

Wie aus dem Stand der Technik bekannt, müssen Packstückstapel unter allen Umständen stabil stehen ohne beim Transport umzukippen und in zweiter Linie füllgradoptimiert sein :

- ❑ **Ladungsstabilität**
  Im Gegensatz zu Turmstapeln tragen Verbundstapel wesentlich zur Erhöhung der Stabilität von Packstückstapeln bei. Da i. a. nicht immer alle Packstücke exakt in eine Lücke oder einen Spalt passen, wird der verbleibende Raumverschnitt im Innern der Ladeeinheit in Kauf genommen und das Plazieren der Packstücke an den Ladungsträgeraußenkanten bevorzugt. Beim Umwickeln der Ladeeinheit auftretende Kräfte können die Packstücke notfalls zusammenschieben ohne den gesamten Stapel umzuwerfen oder sogar

die Packstücke zu beschädigen. Der so erzeugte Packstückstapel kippt eher in sich zusammen und stützt sich dadurch wieder, als daß einzelne Teile des Stapels nach außen fallen. Der Raumverschnitt wird gleichmäßig auf beide Seiten des Packstücks verteilt, um möglichst schmale Spalte zu erhalten, in die andere Packstücke abrutschen könnten.

❑ **Palettenfüllgrad**
Der maximal erreichbare Palettenfüllgrad wird durch die Summe der Raumverschnitte ständig kleiner. Daher wird besonders beim Füllen von Lücken darauf geachtet, daß dasjenige Packstück ausgewählt wird, welches die Lücke optimal, d. h. mit dem geringsten Raumverschnitt füllt. Die Feinpositionierungsstrategien setzen Packstücke an andere Packstücke an, um den verbleibenden Restraum am Stück für andere Packstücke frei zu halten. Packstücke, die mit anderen Packstücken höhenbündig gesetzt werden können, sind gegenüber Packstücken, die niedriger sind, zu bevorzugen. Sie verringern den Raumverschnitt, der entstehen würde, falls das niedrigere Packstück später von einem anderen Packstück überkragt werden würde.

4.5.2 Ableitung von Gewichtungskriterien durch paarweisen Vergleich

Die Feinpositionierungsstrategien sind unmittelbar an die Umgebung des, durch die Grobpositionierungen vorgeschlagenen, Setzplatzes gebunden, so daß sich keine neuen Setzplatzalternativen ergeben und ein paarweiser Vergleich nur für Grobpositionierungsstrategien notwendig ist.

Die mit Hilfe des paarweisen Vergleichs abgeleiteten Gewichtungskriterien bestimmen die Rangfolge der Grobpositionierungsstrategien. Aus dem Puffer ist dasjenige Packstück als nächstes zu wählen, das unter Verwendung der Strategie mit dem größten Gewichtungskriterium palettiert werden kann.

Unter Berücksichtigung des Pflichtenhefts aus Kapitel 3.2 (S. 36-37) und aus den notwendigen Stabilitäts- und Füllgradeigenschaften aus Kapitel 4.5.1 (S. 73) eines Stapels führt der paarweise Vergleich der Grobpositionierungsstrategien zu folgender Gewichtung (*Bild 34*) :

Grobpositionierungsstrategie	1	2	3	4	5	6	7	8	9	10	11	12	Σ
1 Erstes Packstück auf einer neuen Setzebene in eine Ecke plazieren	X							•	•	•	•	•	5
2 Packstücke mit annähernd gleicher Höhe aneinander setzen	••	X	••	••	••	••	••	••	••	••	••	••	22
3 Höhere Packstücke von niedrigeren Packstücken wegsetzen und Ladungsträgeraußenkanten bzw. Ecken bevorzugen	••		X			•		•	•	•	•		6
4 Niedrigere Packstücke an höhere Packstücke ansetzen	••		••	X	••		••		•	••	••		11
5 Lücken zwischen Packstücken mit niedrigen Packstücken auffüllen	••		••	••	X	••	••	••	••	••	•	••	19
6 Lücken mit einem hohen Packstück auffüllen	••		•			X	•		•	•	•		7
7 Lücken an Außenkante mit einem sehr hohen Packstück auffüllen	••			•	••		X	•	••	••	••	•	13
8 Packstücke stabil auf andere großflächige Packstücke plazieren	•		••	••		••	••	X	••	••	••	•	16
9 Schmale Lücken zwischen Packstücken überbauen	•		•	•				•	X	••	•	•	8
10 Packstücke überkragend auf andere Packstückoberflächen setzen	•		•			•				X			3
11 Packstücke stabil über mehrere andere Packstücke setzen	•		••			•	•		•	••	X		8
12 Packstücke bündig mit Ladungsträgeraußenkanten plazieren	•		••	••		••	•	•	•	••	••	X	14

Bild 34: *Paarweiser Vergleich der entwickelten Grobpositionierungsstrategien*

4.5.3 Implementierungsspezifische Betrachtungen für die Gewichtungskriterien

Der, für die Implementierung der Strategien in einen Palettieralgorithmus notwendige, numerische Wert für die Gewichtungskriterien, kann aus dem paarweisen Vergleich abgeleitet werden. Die genaue Berechnung der Bewertung eines Setzplatzes setzt konkrete Zahlenwerte für z. B. den verursachten Raumverschnitt und die aktuelle Setzflächenhöhe voraus.

Die durch die Grobpositionierungsstrategien vorgeschlagenen Setzplätze auf dem Ladungsträger werden entsprechend der Rangfolge der angewandten Strategie bewertet. Daraufhin wird der am höchsten bewertete Setzplatz mit dem dazugehörenden Packstück aus dem Puffer belegt.

Obwohl von einem unbekannten Packstücksortiment ausgegangen wurde, lassen sich statistisch erfaßbare Packstückdaten sammeln. Zu diesen Daten gehören die Verteilung der Länge, Breite und Höhe der Packstücke, sowie die Häufigkeitsverteilung bestimmter Packstückklassen. Abhängig von diesen Daten und den möglichen Schwankungen während des laufenden Betriebs der Palettieranlage können sich die Rangfolge und/oder die Gewichtung "hohe Stabilität vor hohem Füllgrad" verschieben.

Durch den gewählten Ansatz, über Grob- und Feinpositionierung und der anschließenden Bewertung der möglichen Setzplätze aller Packstücke im Puffer das nächste zu palettierende Packstück auszuwählen, läßt sich die Gewichtung der Strategien im laufenden Betrieb durch Regeln dynamisch anpassen und somit die Stabilität und der Füllgrad weiter verbessern.

5 Untersuchung der Leistungsdaten des entwickelten Palettieralgorithmus

Die erarbeiteten Strategien zum Palettieren von quaderförmigen Packstücken im beliebigen Sortenmix wurden auf einem Rechner implementiert. Durch simulierte Palettierungen kann mit einem zugrunde gelegten Packstückspektrum der durchschnittlich erreichte Ladungsträgerfüllgrad ermittelt werden.

Können einzelne Packstücke gekippt werden, so sind dem Palettieralgorithmus mehr Möglichkeiten zur Verschachtelung der Packstücke auf dem Ladungsträger gegeben. Der Einfluß der Puffergröße und des Kippens der Packstücke auf den durchschnittlich erreichten Ladungsträgerfüllgrad wird untersucht.

5.1 Implementierung des Palettieralgorithmus und Visualisierung der erreichten Ergebnisse

Der Palettieralgorithmus wurde auf einer SUN SPARC 1 Workstation entwickelt, um zu Beginn der Entwicklungsarbeiten ausreichend Speicherplatz und genügend Rechenleistung zur Verfügung zu haben.

Als Implementierungssprache wurde die Programmiersprache C nach ANSI Standard /68/ gewählt, damit eine Portierung auf einen Industrie-PC oder ein VMEbus-System für die industrielle Anwendung leicht durchgeführt werden kann.

Der von dem Algorithmus erreichte Ladungsträgerfüllgrad wurde überprüft und der beladene Ladungsträger mit Hilfe einer 3D-Computergraphik sichtbar gemacht. Die Feingewichtung einzelner Strategien konnte, ohne zeitraubende Versuche mit realen Packstücken durchführen zu müssen, optimiert werden.

Bild 35 zeigt ein typisches Palettiermuster in allen Ansichten und der Perspektive.

Für das Einsetzen des nächsten Packstücks von oben sind jedoch schmale Spalte und bereits überdeckte Lücken in tieferen Schichten nicht von Bedeutung. *Bild 36* zeigt die Hüllfläche der bereits auf dem Ladungsträger plazierten Packstücke. Auf die einzelnen Flächen können neue Packstücke aus dem Puffer plaziert werden.

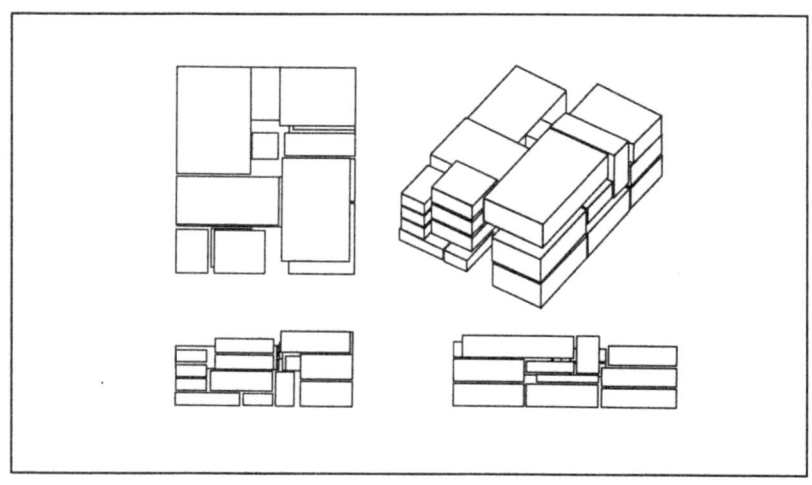

Bild 35: Verschiedene Ansichten und Perspektive eines typischen Packmusters

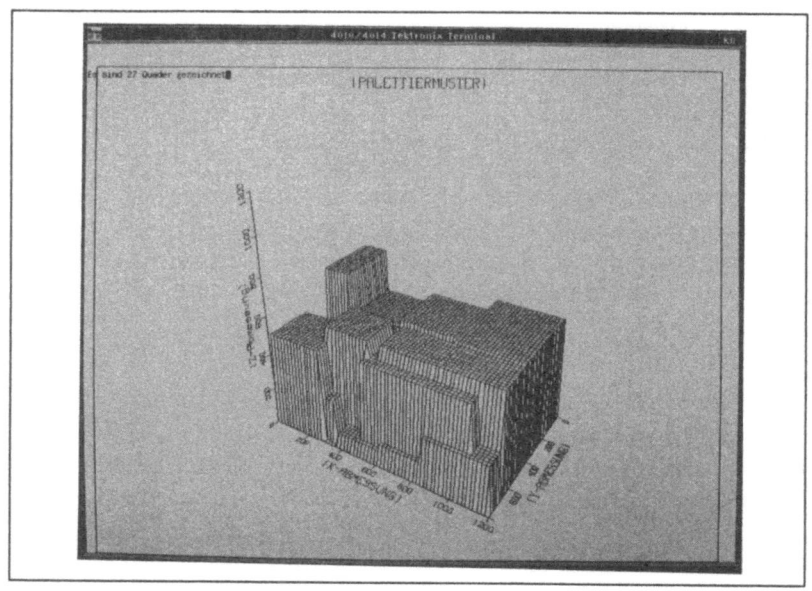

Bild 36: 3D-Hüllfläche einer gestapelten Ladeeinheit mit 27 Packstücken

5.2 Packstückspektrum der Untersuchung

Zum Nachweis des durchschnittlich erreichten Ladungsträgerfüllgrads wurden 116 simulierte Palettierungen durchgeführt. Beim Palettieren wurden die Packstücke mit Hilfe eines Zufallszahlengenerators aus 107 verschiedenen gleichverteilten, in der Realität vorkommenden Packstücktypen ausgewählt.

Eine Liste der Packstückabmessungen gibt nur geringen Aufschluß über das Packstückspektrum. Eine graphische Darstellung der verschiedenen Maßzahlklassen zeigt die Vielfältigkeit des Packstückspektrums und somit die kombinatorischen Möglichkeiten der Packstücke untereinander. Die Länge (X) der Packstücke wurde als die größte und die Höhe (Z) als die kleinste Maßzahl festgelegt, so daß sich für das zugrunde gelegte Packstückspektrum 35 verschiedene Längen- sowie 29 Breiten- und 25 Höhenmaße ergeben (*Bild 37*).

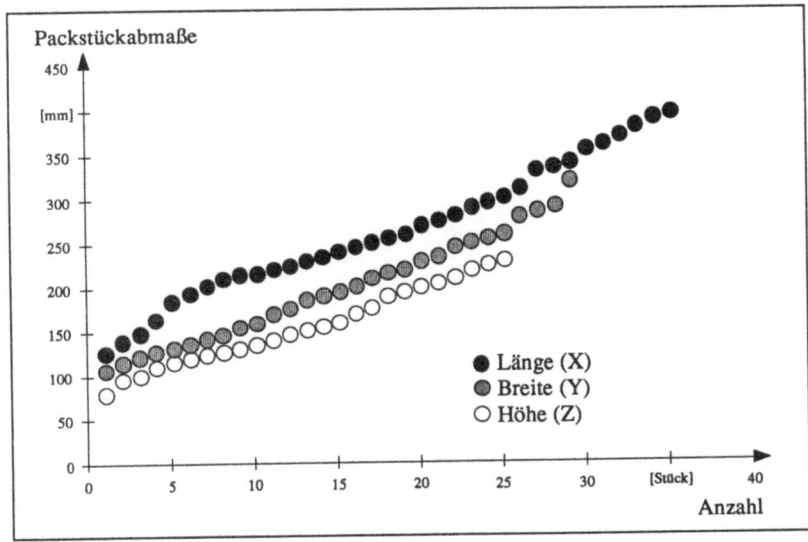

Bild 37: Daten der 107 verschiedenen Packstücktypen

Aus der Übersicht kann die Relation der unterschiedlichen Maßzahlen für die Länge, Breite und Höhe abgelesen werden, wobei nach (1) gilt, daß Länge (X) $\geq$ Breite (Y) $\geq$ Höhe (Z) ist.

5.3 Arbeitsweise des Palettieralgorithmus am Beispiel einer Europalette

Zur Darstellung der Arbeitsweise des Palettieralgorithmus wurde als Ladungsträger die Europalette (1200 x 800 mm) und das für die simulierten Palettierungen verwendete Packstückspektrum verwendet. Die *Bilder 38, 39* und *40* zeigen die Entstehung einer Ladeeinheit packstückweise (1. - 6. Packstück), nach jedem zweiten Packstück (6. - 28.) und dann nach jeweils vier weiteren Packstücken (28. - 48.).

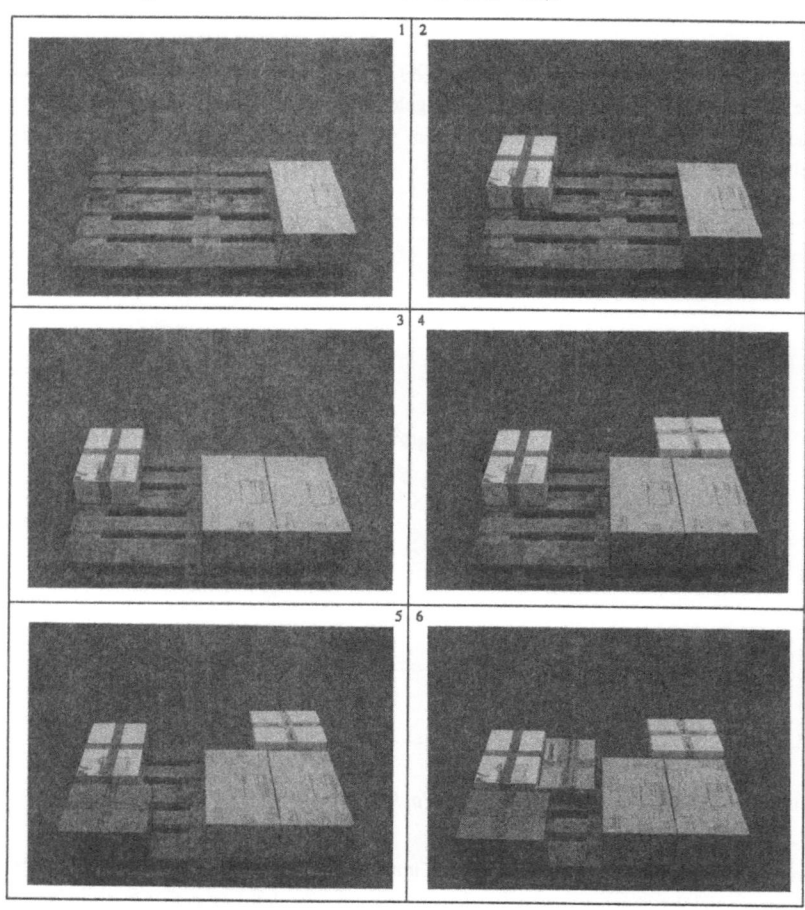

Bild 38: Arbeitsweise des Palettieralgorithmus am Beispiel einer Europalette (Teil 1)

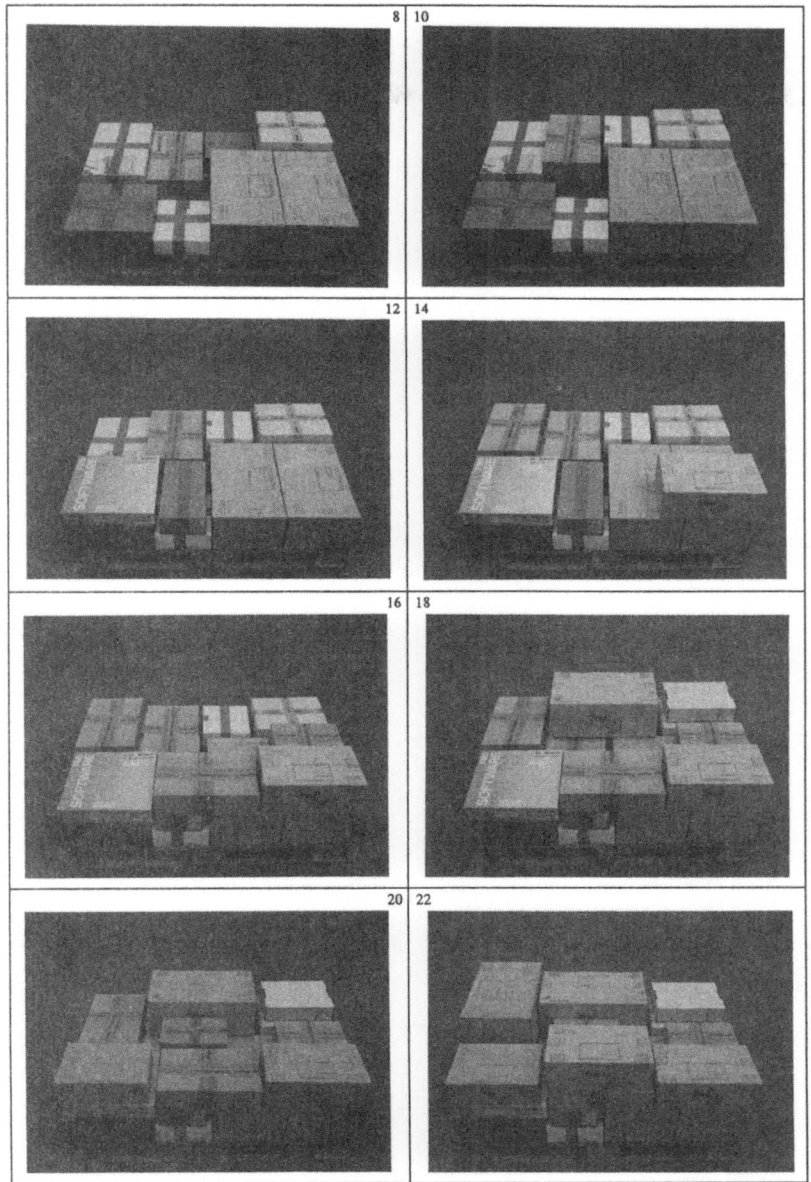

Bild 39: Arbeitsweise des Palettieralgorithmus am Beispiel einer Europalette (Teil 2)

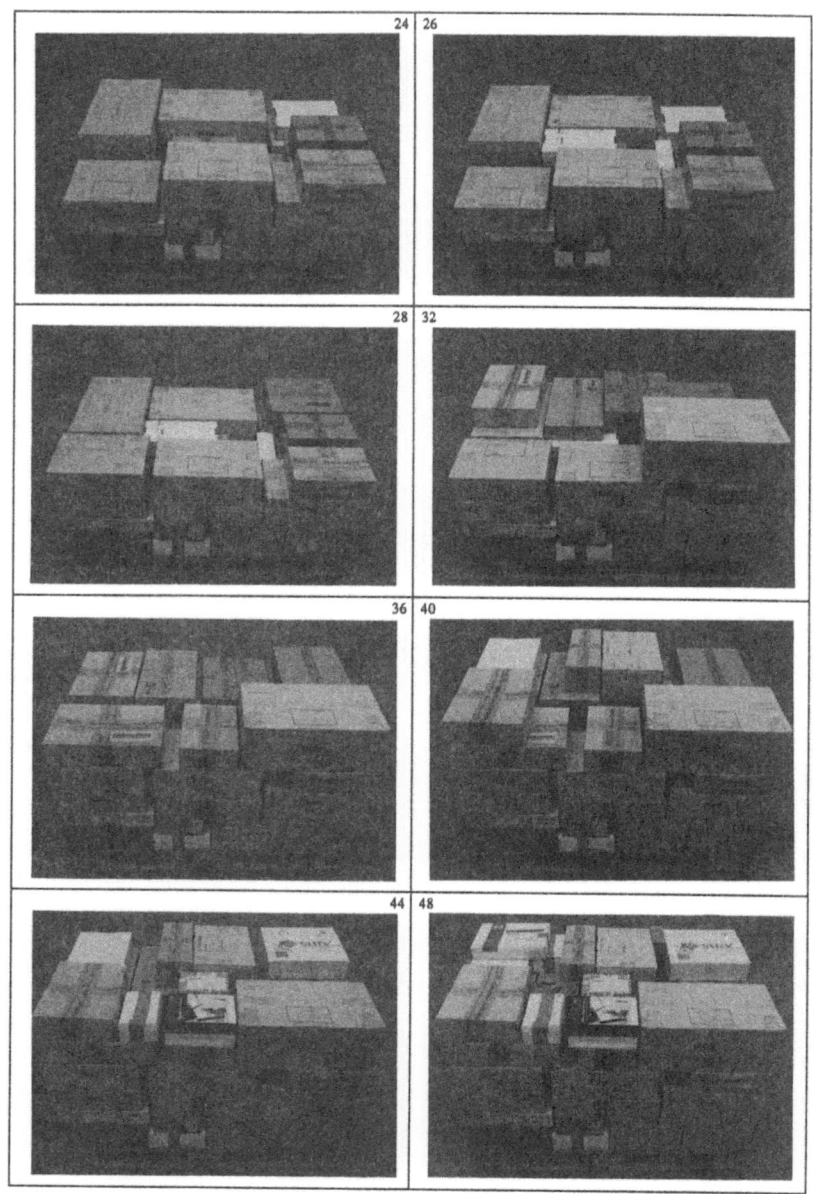

Bild 40: Arbeitsweise des Palettieralgorithmus am Beispiel einer Europalette (Teil 3)

5.4 Durchschnittlich erreichter Ladungsträgerfüllgrad

Für die Ermittlung des durchschnittlichen Ladungsträgerfüllgrads wurde ebenfalls eine Europalette und das für die simulierten Palettierungen verwendete Packstückspektrum verwendet. Die Europalette wurde bis zu einer, im Versuch festgelegten, maximalen Stapelhöhe von 1,30 m gefüllt.

Der jeweils erreichte Ladungsträgerfüllgrad und die Anzahl der palettierten Packstücke sind in *Bild 41* dargestellt. Für die erreichten Füllgrade liegt der Mittelwert bzw. die Standardabweichung /69/ bei $\bar{x} = 71,9\ \%$ bzw. $s = 2,3\ \%$.

Ein Palettierergebnis mit einer höheren Anzahl von Packstücken pro Ladungsträger weist in der Regel einen höheren Füllgrad auf. Das liegt daran, daß, gegenüber Palettierergebnissen mit einer geringeren Anzahl Packstücken pro Ladungsträger, Lücken mit Packstücken aufgefüllt werden konnten oder generell kleinvolumigere Packstücke in der Kommission enthalten waren, die eine höhere Packungsdichte ermöglichten.

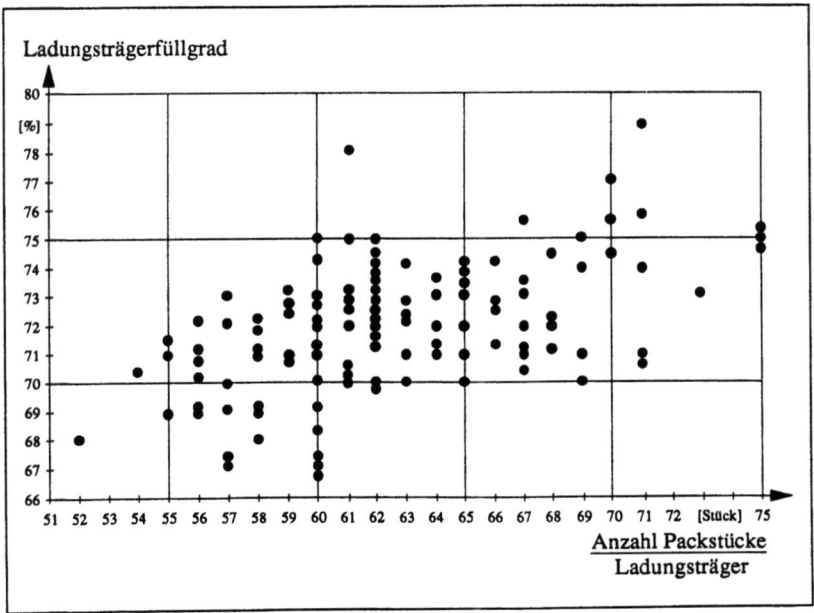

Bild 41: Füllgrad und Packstückanzahl von zufällig palettierten Ladeeinheiten

5.5 Einfluß der Größe des Packstückpuffers auf den erreichten Ladungsträgerfüllgrad

Die Puffergröße, die die Anzahl der dem Palettieralgorithmus zur Auswahl stehenden Packstücke festlegt, hat einen wesentlichen Einfluß auf den durchschnittlich erreichbaren Füllgrad der Ladeeinheit. Zu berücksichtigen ist, daß ein größerer Pufferplatz, neben den Kosten für die Aufstellfläche und die benötigten Logistikkomponenten, auch einen höheren Steuerungs- und Packstückverwaltungsaufwand erfordert.

Bei der Ermittlung des durchschnittlichen Füllgrads wurde davon ausgegangen, daß die Packstücke in der Bereitstellungslage (i. a. die größte Fläche) auf den Ladungsträger plaziert werden müssen. Können Packstücke um die x- und/oder die y-Achse gekippt werden, so stehen dem Palettieralgorithmus mehr Alternativen zur Auswahl und es ist ein höherer durchschnittlicher Füllgrad zu erwarten. Der Einfluß des Kippens auf den Füllgrad wird ebenfalls untersucht.

Die in *Bild 42* dargestellten Ergebnisse stellen somit eine untere Schranke für den durchschnittlich erreichten Füllgrad in Abhängigkeit von der Puffergröße dar.

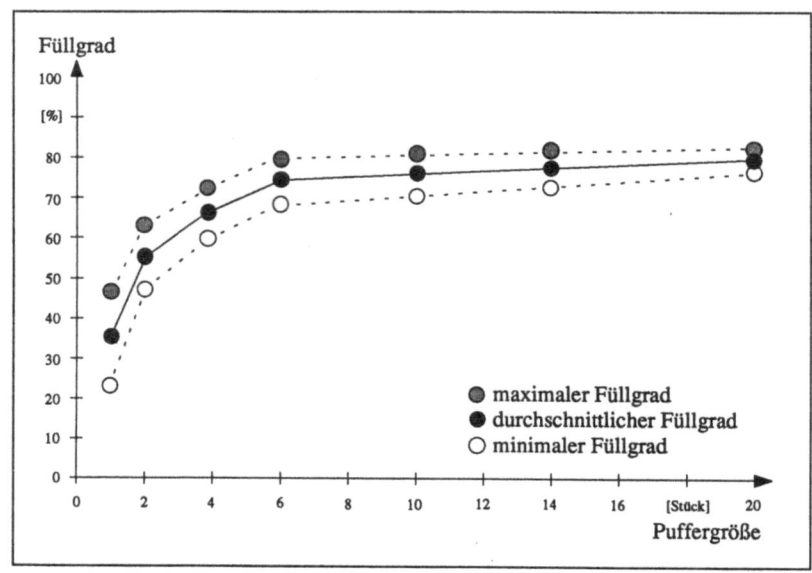

Bild 42:   Einfluß der Puffergröße auf den Füllgrad (ohne Kippen)

Ab einem Puffer für 6 Packstücke wird für das zugrunde gelegte Packstückspektrum ein durchschnittlicher Füllgrad erreicht, der besser als der manuelle Füllgrad (70 %) ist. Bei Anwendungsfällen mit anderer Charakteristika der Packstückvielfalt können sich durch erneute Simulationen Puffergrößen über 6 (Post, Paketdienste, usw.) oder unter 6 (standardisierte, modulare Pakete bei Versandhäusern) als zweckmäßig erweisen.

5.6 Einfluß des Kippens der Packstücke auf den erreichten Ladungsträgerfüllgrad

Werden die Packstücke, wie allgemein üblich, auf der größten Grundfläche transportiert und so auf den Ladungsträger gestapelt, so können verbleibende Lücken und Spalten nur mit Packstücken gefüllt werden, deren größte Fläche auf der Grundfläche der Lücke Platz findet. Diese Packstücke haben, im Gegensatz zu den sie umgebenden Packstücken, nur eine geringe Höhe, so daß zum Füllen eines Spalts viele solcher kleinen Packstücke notwendig sind. In einer automatischen Palettierzelle könnten die Packstücke durchaus automatisch gekippt oder an ihren Vertikalflächen gegriffen werden. Dadurch können die Packstücke auf die kleinste Grundfläche in eine Lücke gestellt und die Lücke mit einem einzigen Packstück ganz ausgefüllt werden (*Bild 43*).

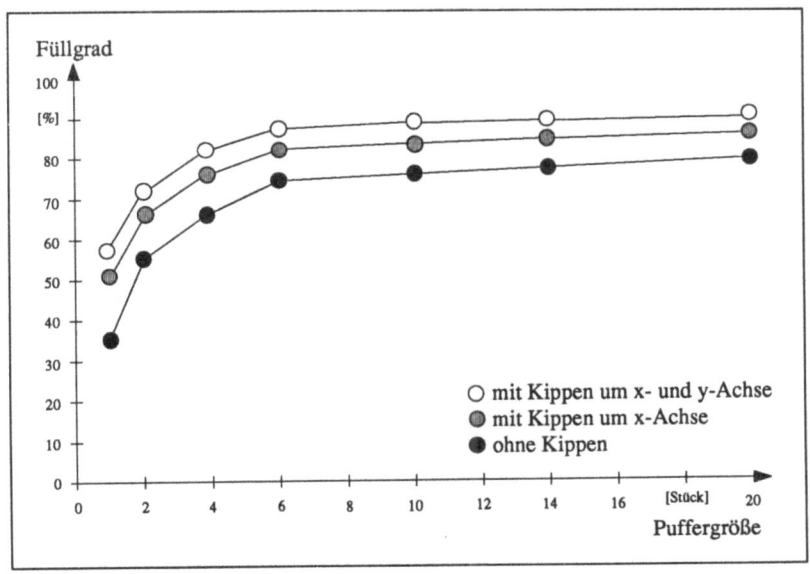

Bild 43: *Einfluß des Kippens auf den durchschnittlichen Ladungsträgerfüllgrad*

Der erreichte Füllgrad, mit Kippen um eine bzw. zwei Achsen, liegt in der Bandbreite zwischen minimalem und maximalem Füllgrad ohne Kippen. Es kann somit durchaus vorkommen, daß palettierte Ladeeinheiten ohne Kippen einen besseren Füllgrad haben, als Ladeeinheiten mit Kippen um alle Achsen. Auf der anderen Seite ist der durchschnittliche Füllgrad beim Palettieren mit Kippen um eine Achse bei Puffergröße 6 größer, als der durchschnittliche Füllgrad ohne Kippen mit Puffergröße 20. Falls nun die Palettierzelle die Packstücke nicht nur in der Bereitstellungslage auf den Ladungsträger übersetzt, sondern auch in der Lage ist, Packstücke zu kippen, so läßt sich bei einem durchschnittlich besseren Füllgrad der Puffer von 20 auf 6 Packstücke reduzieren.

6 Erprobung des entwickelten Algorithmus innerhalb einer Palettierzelle am Beispiel der Europalette

Zu diesem Zweck wurde aus marktgängigen Komponenten wie einem Industrieroboter, entsprechenden Steuerungen, Peripherieelementen und der notwendigen Computer-Hardware ein automatisches Palettiersystem für quaderförmige Packstücke im beliebigen Sortenmix aufgebaut /70, 71, 72, 73, 74, 75, 76/.

Die Ladeeinheiten werden mit Stretch umwickelt und mit einem Netz oder Schutzkarton gesichert. Die Packstücke können auch mit Verbindungskleber zusammengehalten werden, um Verpackungsmüll zu vermeiden. Eine automatisch palettierte Ladeeinheit muß auf jeden Fall so lange in sich stabil stehen, bis die Ladungssicherungsmittel angebracht oder der Verbindungskleber zwischen den Packstücken ausgehärtet ist. Die Stabilität, der, durch den Algortihmus generierten, füllgradoptimierten Ladeeinheiten, soll durch die praktische Überprüfung innerhalb eines Versuchsaufbaus nachgewiesen werden.

6.1 Beschreibung der Systemkomponenten des Versuchsaufbaus

Der Versuchsaufbau gliedert sich im einzelnen in folgende Funktionsträger bzw. Systemkomponenten (*Bild 45*) :

- **Ladungsträger** und **Packstückspektrum**
  Als Ladungsträger wurde die weit verbreitete Europalette nach VDI 15146 Teil 2 /15/ gewählt. Das Packstückspektrum besteht aus den gesamten Sortimenten der Deutschen Bundespost, einer Textilfabrik und eines Lebensmittelherstellers sowie vielen einzelnen Packstücken unterschiedlicher Hersteller.

- **Bilderkennung** und **-verarbeitung**
  Zur Erfassung der Packstückabmessungen (Länge (X), Breite (Y), Höhe (Z)) wurden 2 Joyce-Loebl IV20 Kameras mit Auswerteelektronik eingesetzt (*Bild 44*). Die beiden Kameras sind über eine Interfacekarte an einen Industrie-PC angeschlossen. Der PC wertet die beiden Graubilder aus und ermittelt die Packstückabmessungen. Die erste Kamera nimmt die Breite und die Höhe auf, während die zweite Kamera die Länge erfaßt. Das Packstück wird in die Ecke eines beleuchteten Koordinatenkreuzes gelegt, wobei die Kameras den durch das Packstück nicht abgedeckten Teil der drei Raumkoordina-

ten erfassen. Die verwendete indirekte Messung erlaubt es, die Blenden der Kameras nahezu ganz zu schließen, wodurch praktisch jeglicher Fremdlichteinfluß ausgeschlossen werden kann. Um die optischen Fehler der Linsen und Verzerrungen der Lichtbalken zu kompensieren (*Bild 44*), ist bei der Inbetriebnahme des Versuchaufbaus eine genaue Kalibrierung der beiden Kameras mit Packstücken, deren Maße bekannt sind, erforderlich. Dem Zellenrechner werden die Packstückabmessungen periodisch zur Verfügung gestellt.

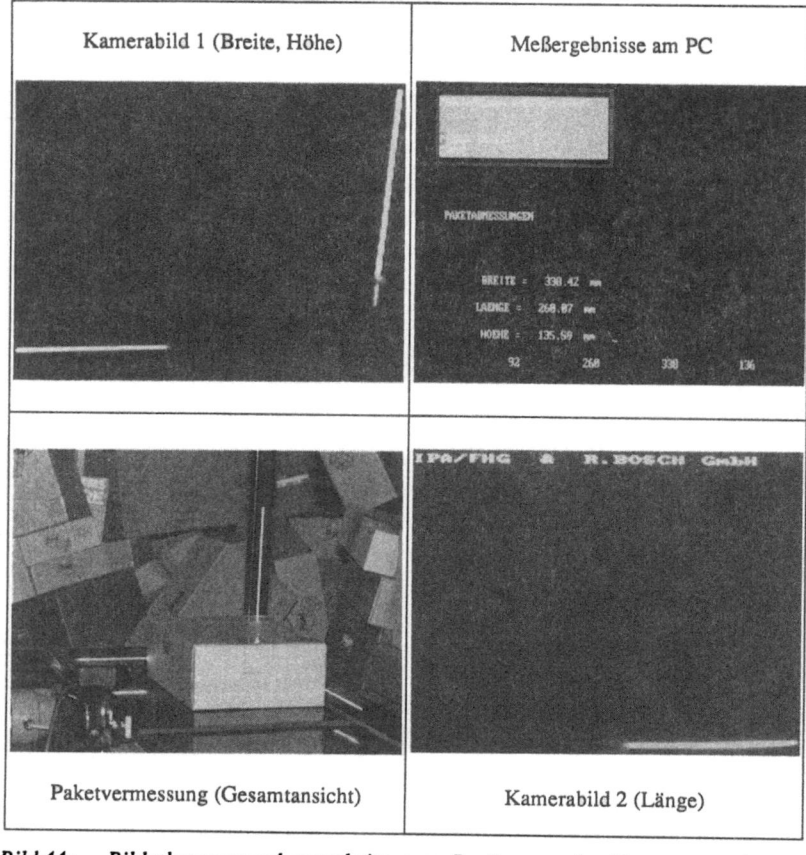

Bild 44: *Bilderkennung und -verarbeitung zur Bestimmung der Abmessungen der Packstücke*

❏ **Zuführeinrichtungen und Packstückpuffer**
Die 2 m lange Rollenbahn von der manuellen Auflegestelle zu dem Querschieber ist 1 m breit und hat einen Rollenabstand von 50 mm. Das kleinste Packstück wurde mit einer Mindestlänge von 125 mm festgelegt, um einen sicheren Transport zu gewährleisten. Der Querschieber und die beiden Einschieber sind Pneumatikzylinder, die das Packstück auf das 4 m lange und 800 mm breite Pufferband einschieben. Das Band ist aus der Mittelstellung 500 mm nach links und rechts mit einer Geschwindigkeit von 300 $^{mm}/_s$ verfahrbar. Daraus ergeben sich die aus den Simulationen ermittelten 6 Packstückplätze für Packstücke mit einer maximalen Abmessung von 800 x 500 mm.

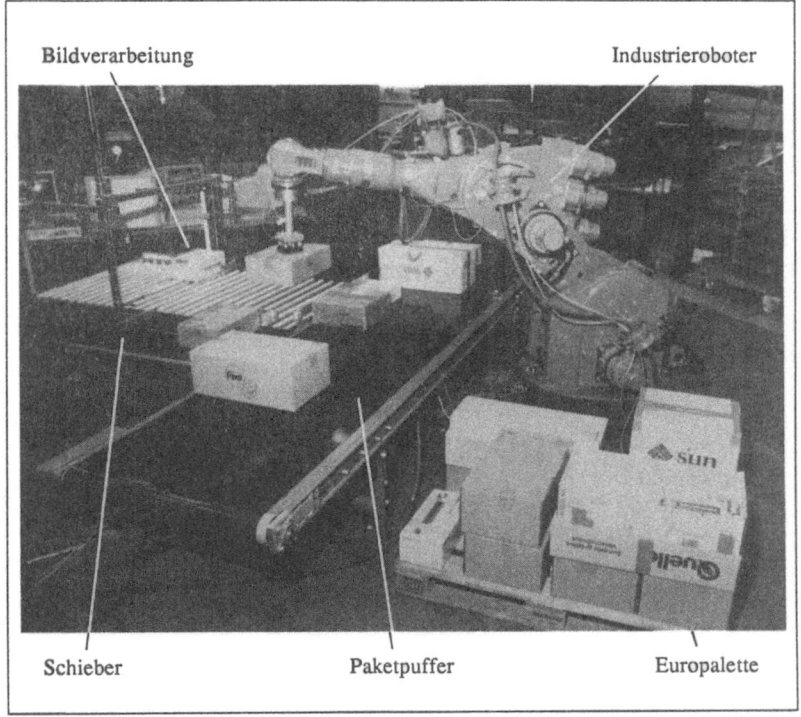

Bild 45: Versuchsaufbau zum automatischen Palettieren von quaderförmigen Packstücken im beliebigen Sortenmix

❑ **Industrieroboter und -steuerung**
Als Gerät zur Handhabung der Packstücke vom Puffer auf den Ladungsträger wurde der 6-Achsen Gelenk-Roboter KUKA IR 161/15 mit einer Bosch Rho2 Industrierobotersteuerung eingesetzt. Das Basisprogramm des Industrieroboters wurde mit der Bewegungs- und Ablaufprogrammiersprache (BAPS) von Bosch realisiert.

❑ **Zellenrechner und digitales I/O-Gerät**
Als Zellenrechner wurde ein Industrie-PC verwendet. Er steuert die Pufferbefüllung und die Paketbereitstellung über ein digitales I/O-Gerät. Der Zellenrechner kommuniziert über eine serielle Schnittstelle mit dem Palettieralgorithmus. Es werden Pufferdaten und Daten über das nächste zu palettierende Packstück ausgetauscht. Über weitere serielle Schnittstellen versorgt die Bildverarbeitung den Zellenrechner mit neuen Packstückdaten und der Zellenrechner übermittelt Verfahrdaten an die Industrierobotersteuerung.

❑ **Palettierrechner und -algorithmus**
Der Palettieralgorithmus ist in der Programmiersprache C geschrieben und läuft unter dem Betriebssystem UNIX auf einer SUN SPARC 1 Workstation mit 16 MB Hauptspeicher.

6.2 Ablaufbeschreibung des Versuchsaufbaus

Bei leerem Pufferband und leerer Palette ist der Ablauf innerhalb des Versuchsaufbaus wie folgt (*Bild 46*) :

❑ Aus dem zur Verfügung stehenden Packstückspektrum wird ein Packstück ausgewählt und manuell an der Vermessungsstation aufgelegt. Die Vermessung des Packstücks durch die beiden Kameras wird automatisch ausgelöst, sobald das Packstück im Achsenkreuz des Lichtkoordinatensystems liegt. Anschließend werden die Abmessungen des Packstücks (Länge, Breite, Höhe) an den Zellenrechner übertragen.

❑ Der Zellenrechner steuert über ein I/O-Gerät das Packstück durch die Quer- und Überschiebestation auf einen freien Platz auf dem Pufferband.

❑ Sobald der Puffer vollständig gefüllt ist, übermittelt der Zellenrechner den Pufferinhalt an den Palettierrechner.

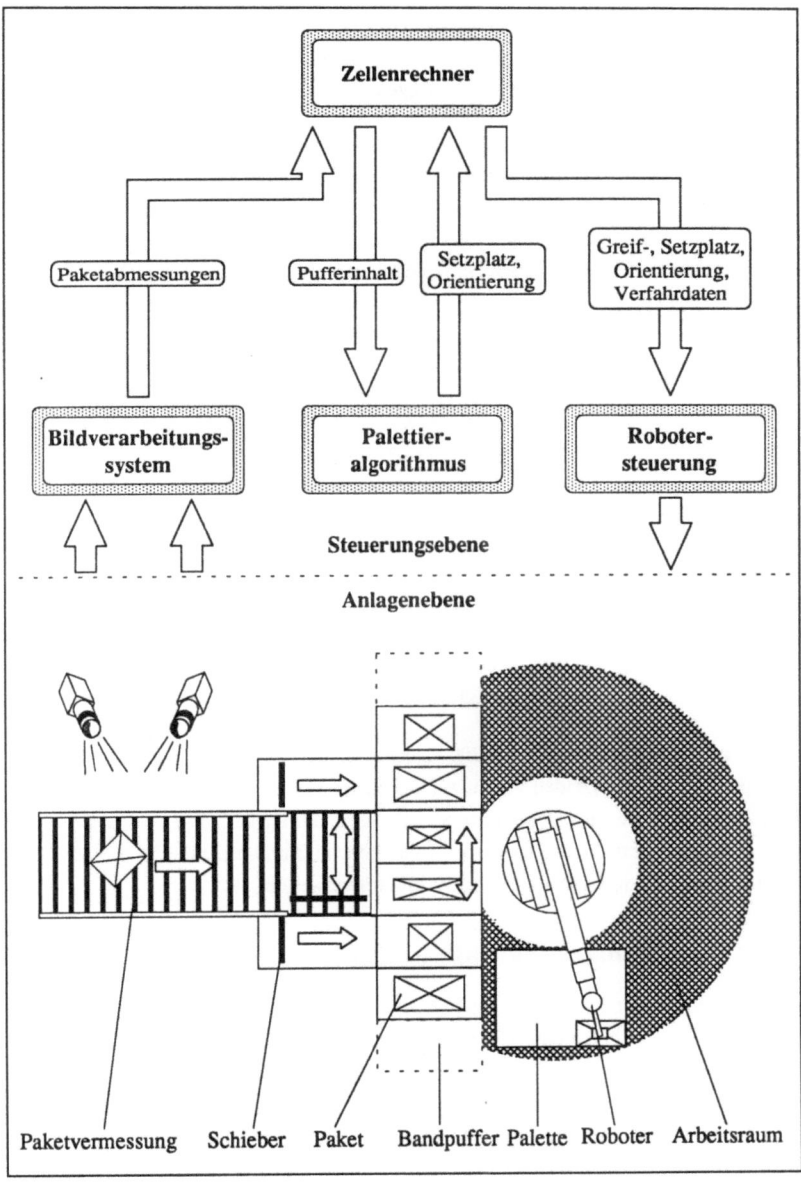

Bild 46: Steuerungsstruktur des Versuchsaufbaus

❏   Der Palettieralgorithmus wählt eines der 6 Packstücke im Puffer aus. Die Pufferplatznummer und die Position mit Drehlage auf der Europalette werden an den Zellenrechner übertragen.

❏   Der Zellenrechner steuert über das I/O-Gerät das Pufferband so, daß der Industrieroboter das Packstück an einer der beiden Einschiebeplätze abnehmen kann. Der Zellenrechner überträgt die dafür notwendigen Verfahrbefehle an die Robotersteuerung. Ein eventuell bereitstehendes nächstes Packstück kann auf das Pufferband eingeschoben werden, sobald der Industrieroboter das aktuell zu palettierende Packstück abgenommen hat.

❏   Ist für keines der 6 Packstücke im Puffer Platz auf der Europalette, so wird ein Palettenwechsel ausgelöst und der Palettieralgorithmus wird vom Zellenrechner zurückgesetzt. Das Pufferband kann leer palettiert werden, falls es sich um die letzte Palette für eine Versandrichtung handelt.

6.3 Leistungsdaten des Versuchsaufbaus

Das gewählte modulare Steuerungskonzept erwies sich für den Versuchsaufbau von Vorteil, da Optimierungen an einzelnen Systemkomponenten durchgeführt werden konnten, ohne andere Teile negativ zu beeinflußen. Für eine industrielle Anwendung ist eine geringere Anzahl von Systemkomponenten anzustreben, um einen höheren Parallelisierungsgrad der Teilabläufe innerhalb der Palettierzelle erreichen zu können.

Der Versuchsaufbau ist in der Lage, 300 Packstücke in der Stunde zu palettieren. Da der Schwerpunkt der vorliegenden Arbeit auf der Erarbeitung eines on-line fähigen Algorithmus zum automatischen Palettieren von Packstücken im beliebigen Sortenmix liegt und es diesen zu überprüfen gilt, wurden eine einfache Zuführtechnik und eine einfache Greifertechnologie innerhalb des Versuchsaufbaus verwendet.

6.4 Erprobung des entwickelten Palettieralgorithmus

Nach dem Aufbau der Systemkomponenten und abgeschlossener Inbetriebnahme wurde ein einwöchiger einschichtiger Dauertest der Gesamtanlage unter Laborbedingungen durchgeführt. Während dieser Zeit wurden über 10.000 Packstücke palettiert. Das entspricht etwa 200 Europaletten. *Bild 47* zeigt eine Europalette, die mit dem Versuchsaufbau palettiert wurde, von der linken und rechten Seite. Die Palette hat einen Füllgrad von 79 % bei 71 Packstücken.

Bild 47: Mit dem Versuchsaufbau automatisch palettierte Ladeeinheit

Der durchschnittlich erreichte Palettenfüllgrad bestätigte die Ergebnisse aus Kapitel 5.4 (S. 83). Die im Pflichtenheft geforderte Stabilität der Stapel bis zum Sichern der Ladung konnte gewährleistet werden.

Die Implementierung des Algorithmus erwies sich als stabil und benötigt im Mittel weniger als 5 s für die Auswahl des nächsten Packstücks aus dem Pufferband und erlaubt so eine theoretische Palettierleistung von über 720 Packstücken in der Stunde.

6.5 Bewertung der durchgeführten Arbeiten

Wird bei einer Europalette auf allen Seiten um 2 cm eingerückt, um z. B. einen Schutzkarton als Ladeeinheitssicherungsmittel überzustreifen, dann beträgt der maximale, theoretisch mögliche Palettenfüllgrad nur noch gut 90 %.

Berücksichtigt man auf der anderen Seite den manuellen Füllgrad bei Post und Paketdiensten mit durchschnittlich 70 %, so liegt der erreichte Palettenfüllgrad der dargestellten automatischen Palettierung höher (72 %) und kann durch eine zusätzliche Kippstation auf nahezu 80 % gesteigert werden.

Der benötigte Platzbedarf ist besonders bei einer Mehrpalettenpalettierung mit dem eines manuellen Palettierplatzes vergleichbar und die verwendeten marktüblichen Automatisierungskomponenten erlauben eine wirtschaftliche Rationalisierungsinvestition.

Die gestellten Anforderungen an einen on-line fähigen Algorithmus zum automatischen Palettieren von Packstücken im beliebigen Sortenmix wurden voll erfüllt, und die bisher ausschließlich manuell betriebenen Palettierendstellen für nicht sortenreine Kommissionen können automatisiert werden.

7 Zusammenfassung und Ausblick

Das Palettieren von Packstücken im beliebigen Sortenmix zu versandfertigen Ladeeinheiten wird heute in vielen Bereichen ausschließlich manuell durchgeführt. Wirtschaftliche Gründe und der leichte Wechsel zwischen Zwei- und Drei-Schichtbetrieb sprechen für die Automatisierung solcher Arbeitsplätze. Zusätzlich ist aus volkswirtschaftlicher Sicht die Humanisierung dieser schweren körperlichen Arbeit dringend notwendig und es zeichnet sich der Trend ab, daß in absehbarer Zeit für solche Arbeiten kein Personal mehr zu finden sein wird.

Die Analyse des Stands der Technik macht deutlich, daß von Seiten der Anlagenkomponenten der Industrieroboter im Gegensatz zum Palettierautomaten die notwendige Flexibilität besitzt und die manuell erbrachte Tagesleistung erreicht. Es zeigt sich, daß für beliebigen Packstückmix ohne vorherige Kenntnis der Kommission, ein ausreichend schneller Palettieralgorithmus fehlt, der dem Industrieroboter Position und Lage für das nächste Packstück auf der bereits teilweise mit Packstücken gefüllten Ladeeinheit vorgibt.

Entwickelt wird ein on-line fähiger Algorithmus zum Palettieren von quaderförmigen Packstücken im beliebigen Sortenmix. Mit Hilfe eines Versuchsaufbaus soll die Funktionsfähigkeit des Algorithmus und die Stabilität der erzeugten Packstückstapel nachgewiesen werden.

Während ein Packstück um das andere auf dem Ladungsträger plaziert wird, muß mit dem Palettieralgorithmus sowohl die Stabilität des Packstückstapels maximiert, als auch ein möglichst hoher Palettenfüllgrad erreicht werden.

Ausgehend von einer ausführlichen theoretischen Fallstudie und Problemanalyse werden zunächst Grobpositionierungsstrategien entwickelt, welche die Stabilität des Packstückstapels erhöhen oder den Füllgrad steigern helfen. Darauf aufbauend werden Feinpositionierungsstrategien erarbeitet, die die Ausrichtung der zu plazierenden Packstücke festlegen. Um dem ständigen Abwägen zwischen der Stabilität des Stapels und der Maximierung des Füllgrads gerecht zu werden, werden situationsabhängige Gewichtungskriterien abgeleitet.

Zur Untersuchung der Leistungsdaten des Algorithmus wird auf 3D-Computergraphik zur Visualisierung des Packstückstapels und auf einen Versuchsaufbau mit Knickarmroboter zurückgegriffen. Die erreichte Taktzeit des Versuchsaufbaus kann im Rahmen des Nachweises der Funktionsfähigkeit des Palettieralgorithmus als ausreichend bezeichnet werden. Für den industriellen Einsatz kann die Taktzeit mit Hilfe von marktüblichen Industrierobotern auf das wirtschaftlich notwendige Maß gesteigert werden.

Die innerhalb dieser Arbeit entwickelten Palettierstrategien werden in einen Algorithmus umgesetzt, der die gestellten Anforderungen voll erfüllt :

- Der Palettieralgorithmus verarbeitet quaderförmige Packstücke mit beliebigen Abmessungen.

- Der Palettieralgorithmus erzeugt in sich stabile Ladeeinheiten mit einem durchschnittlichen Füllgrad von über 70 %.

Eine künftige Weiterentwicklung eines industriellen Systems mit dem Ziel einer weiteren Reduzierung der Taktzeit könnte durch folgende Ansätze erfolgen :

- Für das sichere Greifen des Packstücks vom Pufferband wird im Programm des Industrieroboters eine Wartezeit von 1 s vorgegeben. Unter Verwendung eines Sensors, der auf den erreichten Ansaugdruck reagiert, kann diese Wartezeit reduziert werden. Ein lokales Vakuum am Greifer, direkt vor den Saugnäpfen, verringert die Greifzeit weiter.

- Wie für das Greifen, kann für das sichere Absetzen des Packstücks auf der Ladeeinheit anstelle einer Wartezeit ein Sensor verwendet werden. Zusätzliches Einblasen von Druckluft verringert die Ablegezeit.

- Ein schneller Industrieroboter in Portalbauweise reduziert zusätzlich die anteiligen Verfahrzeiten beim Holen und Plazieren der Packstücke.

- Ein erweitertes Greiferkonzept, das während des Verfahrens des Roboters ein schnelleres Drehen des Packstücks erlaubt, ohne daß das Packstück im Greifer verrutscht, erhöht die Verfügbarkeit des Palettiersystems.

Aufbauend auf den in dieser Arbeit behandelten Entwicklungsschwerpunkten, sind zukünftig die Problembereiche in den vor- und nachgelagerten Bereichen des beschriebenen Palettierrobotersystems zu untersuchen. In diesem Zusammenhang sind folgende Schwerpunkte zu setzen :

- Die Dimensionierung des Packstückpuffers in Abhängigkeit von den möglicherweise bekannten Packstückdaten, wie kleinstes und größtes Packstück, Wahrscheinlichkeit der Packstücke, u. v. m.

- Entwicklung eines Verfahrens, das aus den Packstücken im Puffer neue virtuelle, annähernd quaderförmige Packstücke kombiniert und diese dem entwickelten Palettieralgorithmus zusätzlich zur Auswahl bereitstellt.

- Entwicklung einer Vorgehensweise zur Integration des Industrierobotersystems in vorhandene Informations- und Materialflußumgebungen.

Mit der vorliegenden Entwicklung ist der Nachweis erbracht, daß erstmals das on-line Palettieren von quaderförmigen Packstücken im beliebigen Sortenmix möglich ist und den industriellen Randbedingungen hinsichtlich der geforderten Stabilität der Ladeeinheit, des zu erreichenden Palettenfüllgrades und der dafür notwendigen Verarbeitungsgeschwindigkeiten gerecht wird.

8 Literaturverzeichnis

/1/ Warnecke, H. J.; Baumeister, K.: Kommissionieren aus der Sicht der Handhabungstechnik.
In: Schweizer Maschinenmarkt 86 (1986) Nr. 9, S. 39-43.

/2/ N. N.: Einfach anfassen reicht, Neues Teilezentrum mit Pick-Pack-System bei KHD.
In: Materialfluß 21 (1990) Nr. 1-2, S. 46.

/3/ Ahbel, T. A.: Instrumente zur Planung: Rationalisieren von Packarbeiten in Warenverteilzentren mit Hilfe von Simulationsverfahren.
In: Maschinenmarkt 96 (1990) Nr. 48, S. 40-45.

/4/ Jansen, R.: Die Verpackungstechnik als integraler Bestandteil der Logistik.
In: Fördertechnik 56 (1987) Nr. 11/12, S. 28-35.

/5/ Ahbel, T. A.: Paletten-Bepackungspläne auf dem PC.
In: Zeitschrift für Logistik (1990) Nr. 18, S. 29-32.

/6/ Schulze, L.: Trends im innerbetrieblichen Materialfluß.
In: Fördertechnik 60 (1991) Nr. 2, S. 7.

/7/ N. N.: Verordnung über die Vermeidung von Verpackungsabfällen (Verpackungsverordnung - VerpackV).
In: Bundesgesetzblatt Teil I (1991) Nr. 36, S. 1233-1247.

/8/ Rockholz, A.: Die neue Verpackungsordnung Zusätzliche Belastungen - neue Probleme.
In: Industrie und Handel (1991) Nr. 10, S. 63-69.

/9/ Wendorf, E.: Logistik verbindet.
In: Fertigungstechnik und Betrieb 41 (1991) Nr. 2, S. 113-115.

/10/ Michaletz, T.: Manuell oder automatisiert? Investitionsentscheidung bei Lager- und Transportsystemen.
In: Fertigungstechnik und Betrieb 41 (1991) Nr. 3, S. 143-145.

/11/ Martin, H.: Grundlagen der Einheitenbildung und Verpackungslogistik.
In: Fördertechnik 59 (1990) Nr. 10, S. 41-47.

/12/ Haldimann, H. R.: Trends in der Lagertechnik.
In: F+H Fördern und Heben 41 (1991) Nr. 1-2, S. 44-47.

/13/ Jansen, R.; Hertlein, M.: Palettierautomaten und Roboter ergänzen einander.
In: packung & transport (1991) Nr. 1-2, S. 22-26.

/14/ N. N.: Richtlinie VDI 15141, Teil 1,
Transportkette: Paletten,
Formen und Hauptmaße von Flachpaletten.
Berlin, Köln: Beuth, 1986.

/15/ N. N.: Richtlinie VDI 15146, Teil 2,
Vierwege-Flachpalette aus Holz, 800 mm x 1200 mm.
Berlin, Köln: Beuth, 1990.

/16/ Kempter, W.: Kleiner Karton - große Wirkung,
Slipsheet erhöht den Durchsatz.
In: Materialfluß (1990) Nr. 1-2, S. 40-44.

/17/ Paul, S.: PC liefert Arbeitsvorbereitung für die Palettierung.
In: Transport, Förder- und Lagertechnik 45 (1990) Nr. 6, S. 6.

/18/ Kapoun, J.: Robotisierung der Logistik.
In: Schweizer Maschinenmarkt 86 (1986) Nr. 49, S. 42-47.

/19/ N.N.: Richtlinie VDI 2411,
Begriffe und Erläuterungen im Förderwesen.
Düsseldorf: VDI-Verlag, 1970.

/20/ N. N.: Richtlinie VDI 3590, Blatt 1,
Kommissioniersysteme: Grundlagen.
Düsseldorf: VDI-Verlag, 1975.

/21/ N. N.: Richtlinie VDI 2860,
Montage- und Handhabungstechnik
Handhabungsfunktionen, Handhabungseinrichtungen;
Begriffe, Definitionen, Symbole.
Düsseldorf: VDI-Verlag, 1990.

/22/ N. N.: Richtlinie DIN 30781, Teil 1
Transportkette:
Systematik der Transportmittel und Transportwege
Berlin: Beuth Verlag, 1989.

/23/ N. N.: Richtlinie DIN 55405, Teil 3 und 5
Begriffe für das Verpackungswesen:
Packmittel, Verpackung, Packgut, Packung, Packstück
Berlin: Beuth Verlag, 1988.

/24/ N. N.: ISO Draft Proposal 184/sc 2 N 102 10.88,
Industrial automation systems -
Robots for manufacturing environment.

/25/ N. N.: Der schwierige richtige Griff,
Bericht zur Fachtagung Kommissionieren.
In: Materialfluß 20 (1990) Nr. 1-2, S. 38-39.

/26/ Schulte, J.; Möglichkeiten, Aufbau und Vergleich von Palettier-
Tielker, U.: systemen.
In: Internationale Zeitschrift für Lebensmittel-
Technologie und Verfahrenstechnik 40 (1989) Nr. 7/8,
S. 437-440.

/27/ Severin, H.-G.: Kostensenkung im Materialfluß durch den Einsatz
moderner Palettierrobotertechnik.
In: Logistik-Kolloquium: JIT in Produktion und
Logistik.
Bad Homburg, 20. November 1990.

/28/ Hoehne, K.: Möglichkeiten des Robotereinsatzes in Kleinteile-Lagern.
In: F+H Fördern und Heben 40 (1990) Nr. 7,
S. 457-458.

/29/ Graefenstein, T.: Verpacken mit Industrierobotern.
In: Technica 39 (1990) Nr. 23, S. 50-54.

/30/ Haldimann, C. U.; Kapoun, J.: Rationelle Lösungen mit Palettier- und Kommissionierrobotern.
In: Technica 39 (1990) Nr. 4, S. 61-66.

/31/ Hartig, W.: Wirtschaftlicher Einsatz von Industrierobotern bei Kleinserien.
In: F+H Fördern und Heben 40 (1990) Nr. 7,
S. 459-461.

/32/ Kroth, E.: Aufgabenspezifische Off-line-Programmierung von Industrierobotern.
In: ZwF 86 (1991) Nr. 5, S. 263--265.

/33/ Merz, P.: Palettierstraße mit fünf Linearrobotern und universeller Greiftechnik.
In: Roboter in der Verpackungstechnik.
Düsseldorf: VDI Verlag, 1990, S. 45-71.
ISBN 3-18-090850-5.

/34/ N. N.: How to implement robotic palletizing.
In: Material Handling Engineering 43 (1988) Nr. 7,
S. 61-64.

/35/ Haldimann, C. U.: Roboter im Logistik-Einsatz.
In: Fördertechnik 59 (1990) Nr. 1, S. 21-23.

/36/ N. N.: Marktübersicht: Palettierroboter und -maschinen.
In: Materialfluß 22 (1991) Europäischer Materialfluß Markt, Jahreseinkaufsführer, S. 178.

/37/ Raab, H.: Dem Anwender nähergerückt:
Trends bei Kommissionier- und Palettierrobotern.
In: Materialfluß 22 (1991) Nr. 6, S. 16-21.

/38/ Jünemann, R.: Materialflußroboter zur Rationalisierung des Materialflußes.
In: Fördertechnik 57 (1988) Nr. 11/12, S. 41-44.

/39/ N. N.: Industrieroboter übernehmen Palettieraufgaben.
In: Beschaffung aktuell (1987) Nr. 7, S. 58-59.

/40/ Jordan, G.: Chaotisch und automatisch Palettieren.
In: F+H Fördern und Heben 40 (1990) Nr. 10, S. 726-727.

/41/ Jansen, R.; Graefenstein, T.: Automatisierungslösungen in der Verpackungstechnik.
In: Zeitschrift für Logistik (1990) Nr. 1, S. 39-42.

/42/ N. N.: Transport-, Lager- und Kommissionierstrategien waren Schwerpunkt der Kühlhaus-Tagung.
In: Fördertechnik 59 (1990) Nr. 9, S. 76-79.

/43/ Heiniger, K.: Automatische Palettieranlage in einer Papierfabrik.
In: Fördertechnik 59 (1990) Nr. 6, S. 22-24.

/44/ Hodgson, T. J.: A Combined Approach to the Pallet Loading Problem.
In: IIE Transactions 14 (1982) Nr. 3, S. 175-182.

/45/ Kooijman, C. J.: Kameras erkennen Objekte:
Automatisches Einlegen von Paketen in Standard-Behälter mit Industrieroboter.
In: Maschinenmarkt 93 (1987) Nr. 43, S. 44-47.

/46/ Kooijman, C. J.: Platznutzung optimiert:
Kameras und Hilfsmittel für automatisches Einlegen von Paketen in Standard-Behälter.
In: Maschinenmarkt 93 (1987) Nr. 47, S. 34-39.

/47/ Puls, F. M.; Tanchoco, J. M. A.: Robotic Implementation of Pallet Loading Patterns.
In: International Journal of Production Research, 24 (1986) Nr. 3, S. 635-645.

/48/ Penington, R. A.; Tanchoco, J. M. A.: Robotic Palletization of Multiple Box Sizes.
In: International Journal of Production Research, 26 (1988) Nr. 1, S. 95-105.

/49/ Salzer, J. J.: Optimale Stapelmuster.
In: neue verpackung 36 (1983) Nr. 10, S. 1248-1252.

/50/ Isermann, H.: Weniger Logistikkosten durch bessere Nutzung des Palettenstauraums.
In: F+H Fördern und Heben 39 (1989) Nr. 3, S. 238-249.

/51/ Bläsius, W.: Bilden, Sichern, Handhaben und Transportieren von Ladeeinheiten.
Teil 5: Optimale Flächennutzung der Paletten
In: Transport, Förder- und Lagertechnik 44 (1989) Nr. 9, S. 27-32.

/52/ George, J. A.; Robinson, D. F.: A Heuristic for Packing Boxes into a Container.
In: Computer and Operations Research 7 (1980) Nr. 3, S. 147-156.

/53/ Gilmore, P. C.; Gomory, R. E.: The Theory and Computation of Knapsack Functions.
In: Operations Reseach (1966) Nr. 14, S. 1045-1074.

/54/ Hopcraft, J. E.; Ullman, J. D.: Introduction to Automata Theory, Languages, and Computation.
London; Amsterdam; Sydney: Addison-Wesley Publishing Company, 1979.
ISBN 0-201-02988-X

/55/ Steudel, H. J.: Generating Pallet Loading Patterns: A special case of the two-dimensional cutting stock problem.
In: Managment Science 25 (1979) Nr. 10, S. 997-1004.

/56/ Tsai, R. D.; Malstrom, E. M.; Meeks, H. D.: A Two-Dimensional Palletizing Procedure for Warehouse Loading Operations.
In: IIE Transactions 20 (1988) Nr. 4, S. 418-425.

/57/ Chen, C.-S.; Ram, B.; Sarin, S.: Design and Development of a Physical Simulator for Robotic Palletization.
In: Computer and Industrial Engineering 17 (1989) S. 202-208.

/58/ Kader, A. K.; Expert System for Flexible Palletizing of Mixed Size
     Shell, R. L.; and Weight Parcels.
     Hall, E. L.:   In: SPIE Proc. Vol. 848 (1987), S. 556-564.

/59/ Jünemann, R.: Flexible Automation in der Produktion.
                  In: Zeitschrift für Logistik (1990) Nr. 5, S. 19-25.

/60/ Laß, M.:   Fest gefügt,
                  Einrichtungen zum Palettieren und Sichern von
                  Transportgut auf der Interpack '90.
                  In: Maschinenmarkt 96 (1990) Nr. 29, S. 34-38.

/61/ van den Broek, W.; Adaption of a robotics algorithm for a distributed
     de Boer, H.:   implementation using transputers.
                         In: Micropocessors and Microsystems 13 (1989)
                         Nr. 3, S. 195-202.

/62/ Kooijman, C. J.;   Automated parcel handling with robots:
     van der Wel, R. J. M.: A package deal.
                             In: Proc. of the 18th International Symposium on
                             Industrial Robots, 26-28th April 1988, Lousanne, CH,
                             S. 53-64.

/63/ Penders, J. S. J. H.: A heuristic scheme for packing a rollercontainer.
                           NT-PU-91-793
                           Leidschendamm: PTT Research, 1991.

/64/ N.N.:   Richtlinie VDI/VDE 3694, Entwurf
                  Lastenheft/Pflichtenheft für den Einsatz von Automati-
                  sierungssystemen.
                  Düsseldorf: VDI-Verlag, 1989.

/65/ Willmer, H.; Fallstudie einer industriellen Software-Entwicklung.
     Balzert, H.: Mannheim; Wien; Zürich: Bibliographisches Institut,
                   1984 (Reihe Informatik 39).
                   ISBN 3-411-01664-7

/66/ Isermann, H.: Ein Planungssystem zur Optimierung der Paletten-
                   beladung mit kongruenten rechteckigen Versand-
                   gebinden.
                   In: OR Spektrum 9 (1987) Nr. 9, S. 235-249.

/67/ Bronstein, I. N.; Taschenbuch der Mathematik.
Semendjajew, K. A.: Thun; Frankfurt am Main: Harri Deutsch, 24. Auflage,
1989, S. 244.
ISBN 3-87144-492-8

/68/ Rosler, L.: Preliminary Draft Proposal Standard: The C Language.
Computer and Business Equipment Manufactures,
Washington.

/69/ Kreyszig, E.: Statistische Methoden und ihre Anwendungen.
Göttingen: Vandenhoeck & Ruprecht, 7. Auflage,
1982, S. 37-38.
ISBN 3-525-40717-3

/70/ Strommer, W. M.: Trends der Technik:
Roboter: Der Packesel.
In: Bild der Wissenschaft (1991) Nr. 4, S. 112-114.

/71/ Strommer, W. M.; Automated Palletizing of Mixed Sized Parcels.
Schraft, R.-D.; In: Proc. 11th Int. Conf. Automation in Warehousing
Jordan, G.: (ICAW), 18-19th Juni 1991,
Helsinki: IFS Publications, 1991, S. 387-392.
ISBN 1-85423-097-2

/72/ Strommer, W. M.; Zukunftsweisendes System entwickelt.
Jordan, G.; Automatisch Chaotisch Palettieren.
Volz, H.: In: Fördertechnik 60 (1991) Nr. 8, S. 66-67.

/73/ N. N.: Ook bonte pallets nu machinaal te stapelen.
Logistiek, Distributie, Goederenvervoer.
In: Nieuwsblad Transport 4 (1991) Nr. 558, S. 4.

/74/ Schmidt, N.: Aus dem Elfenbeinturm in den Fertigungsalltag.
In: VDI-Nachrichten (1991) Nr. 14, S. S13.

/75/ Maruschzik, N.: Highlights auf der CeMAT.
In: Logistik im Unternehmen (1991) Nr. 5, S. 8-15.

/76/ Spur, G.; Information als Produktionsfaktor.
Steusloff, H.: In: Fraunhofer-Gesellschaft Jahresbericht 1990.
München, 1991, S. 43-47.

IPA Forschung und Praxis

Schriftenreihe aus dem Institut für Produktionstechnik und Automatisierung, Stuttgart

Herausgeber: Prof. Dr.-Ing. H. J. Warnecke

Datenerfassung im Produktionsbereich
Von E Bendeich ISBN 3-7830-0117-8
1977, 176 Seiten, kartoniert
54,— DM

Methodenauswahl für die Materialbewirtschaftung in Maschinenbau-Betrieben
Von H Graf ISBN 3-7830-0136-6
1977, 144 Seiten, kartoniert
54,— DM

Systematische Auswahl von Förderhilfsmitteln für den innerbetrieblichen Materialfluß
Von W Rau ISBN 3-7830-0139-0
1977, 103 Seiten, kartoniert
40,— DM

Grundlagen zur Planung von Ersatzteilfertigungen
Von E Schulz ISBN 3-7830-0138-2
1977, 98 Seiten, kartoniert
40,— DM

Rechnerunterstützte Fabrikplanung
Von B Minten ISBN 3-7830-0116-1
1977, 124 Seiten, kartoniert
38,— DM

Eine Planungsmethode für automatische Montagesysteme
Von H.-G Lohr ISBN 3-7830-0120-X
1977, 108 Seiten, kartoniert
32,— DM

Planung und Bewertung von Arbeitssystemen in der Montage
Von H Metzger ISBN 3-7830-0131-5
1977, 108 Seiten, kartoniert
40,— DM

Klassifizierungssystem für Prüfmittel der industriellen Längenprüftechnik
Von R Czetto ISBN 3-7830-0144-7
1978, 181 Seiten, kartoniert
64,— DM

Rechnerunterstützte Montageplanung
Von O Hirschbach ISBN 3-7830-0149-8
1978, 146 Seiten, kartoniert
52,— DM

Rechnerunterstützte Entwicklung von Simulationsmodellen für Unternehmensplanspiele
Von A Moker ISBN 3-7830-0147-1
1978, 181 Seiten, kartoniert
64,— DM

Arbeitsplatzanalysen zur Ermittlung der Einsatzmöglichkeiten und Anforderungen an Industrieroboter
Von G Herrmann ISBN 37830-0151-X
1978, 113 Seiten, kartoniert
40,— DM

MFSP — Ein Verfahren zur Simulation komplexer Materialflußsysteme
Von G Stemmer ISBN 3-7830-0118-8
1977, 140 Seiten, kartoniert
60,— DM

Berührungslose Erkennung durch Positionsbestimmung von Objekten durch inkohärent-optische Korrelation
Von M Konig ISBN 3-7830-0137-4
1977, 110 Seiten, kartoniert
40,— DM

Auslegung von Störungspuffern in kapitalintensiven Fertigungslinien
Von R v Stetten ISBN 3-7830-0140-4
1977, 154 Seiten, kartoniert
56,— DM

Flexible Transportablaufsteuerung
Von G Romer ISBN 3-7830-0114-5
1977, 188 Seiten, kartoniert
60,— DM

Rechnergestützte Realplanung von Fabrikanlagen
Von T.-K Sauter ISBN 3-7830-0119-6
1977, 108 Seiten, kartoniert
32,— DM

Systematisches Auswählen und Konzipieren von programmierbaren Handhabungsgeräten
Von R D Schraft ISBN 3-7830-0115-3
1977, 108 Seiten, kartoniert
32,— DM

Auslandsproduktion
Von W Cypris ISBN 3-7830-0145-5
1978, 126 Seiten, kartoniert
42,— DM

Wirtschaftlicher Einsatz von Mehrkoordinatenmeßgeräten
Von M Dietzsch ISBN 3-7830-0148-X
1978, 142 Seiten, kartoniert
52,— DM

Fertigungssteuerung bei flexiblen Arbeitsstrukturen
Von K.-G Lederer ISBN 3-7830-0146-3
1978, 128 Seiten, kartoniert
42,— DM

Untersuchungen zum Polieren und Entgraten durch elektrochemisches Oberflächenabtragen
Von K Zerweck ISBN 3-7830-0150-1
1978, 110 Seiten, kartoniert
40,— DM

Stufenweise Ableitung eines praktischen Planungssystems für den Entwicklungsbereich
Von R Hichert ISBN 3-7830-0149-8
1978, 151 Seiten, kartoniert   52 — DM

Produktionsplanung mit Auftragsfamilien
Von U W Geitner ISBN 3-7830-0161 7
1979, 110 Seiten, kartoniert   45 - DM

Thermisch-chemisches Entgraten
Von T Wagner ISBN 3-7830-0164-1
1979, 111 Seiten, kartoniert   45 - DM

Untersuchung der Materialflußkosten bei ausgewählten Systemen der Zentralen Arbeitsverteilung
Von R Wenzel ISBN 3-7830-0162-5
1979, 168 Seiten, kartoniert   86 - DM

Anpassung und Einführung eines Planungssystems für die Ablaufplanung im Konstruktionsbereich
Von W Dangelmaier ISBN 3-7830-0163-3
1979, 168 Seiten, kartoniert   80 - DM

Längenmessungen an bewegten Teilen mit berührungslos wirkenden Aufnehmern
Von H Lang ISBN 3-7830-0157-9
1979, 89 Seiten, kartoniert   42 - DM

Untersuchung multistabiler Strömungselemente und ihr Einsatz in sequentiellen Steuerungen
Von A Ernst ISBN 3-7830-0157-9
1979, 122 Seiten, kartoniert   48 - DM

Taktile Sensoren für programmierbare Handhabungsgeräte
Von M Schweizer ISBN 3-7830-0158-7
1979, 91 Seiten, kartoniert   42 - DM

Die rechnerunterstützte Prüfplanung
Von P Blasing ISBN 3-7830-0152-8
1979, 100 Seiten, kartoniert   44.- DM

Verfahren zur Fabrikplanung im Mensch-Rechner-Dialog am Bildschirm
Von W Ernst ISBN 3-7830-0156-0
1979, 218 Seiten, kartoniert   72.- DM

Rechnerunterstütztes Verfahren zur Leistungsabstimmung von Mehrmodell-Montagesystemen
Von M Gorke ISBN 3-7830-0155-2
1979, 139 Seiten, kartoniert   50 - DM

Standortbezogene Betriebsmittel
Von G Pflieger ISBN 3-7830-0167-6
1979, 127 Seiten kartoniert   52 - DM

Die betriebswirtschaftliche Beurteilung neuer Arbeitsformen
Von B.-H Zippe ISBN 3-7830-0168-4
1979, 350 Seiten, kartoniert   98 -- DM

Untersuchung des Arbeitsverhaltens programmierbarer Handhabungsgeräte
Von B Brodbeck ISBN 3-7830-0169-2
1979, 117 Seiten, kartoniert   48 - DM

Untersuchung eines kohärent-optischen Verfahrens zur Rauheitsmessung
Von N Rau ISBN 3-7830-0174-9
1979, 117 Seiten, kartoniert   48 -- DM

Entwicklung einer programmierbaren, pneumatischen Steuerung
Von D Klemenz ISBN 3-7830-0171-4
1979, 93 Seiten, kartoniert   42 - DM

IPA-IAO Forschung und Praxis

Berichte aus dem Fraunhofer-Institut für Produktionstechnik und Automatisierung (IPA), Stuttgart, Fraunhofer-Institut für Arbeitswirtschaft und Organisation (IAO), Stuttgart, und Institut für Industrielle Fertigung und Fabrikbetrieb der Universität Stuttgart

Herausgeber: Prof. Dr.-Ing. H. J. Warnecke und Prof. Dr.-Ing. H.-J. Bullinger

80	**Flexibilität und Kapazität von Werkstückspeichersystemen** Von Bernhard Graf ISBN 3-540-13970-2. 1984, 115 Seiten mit 71 Abbildungen.	63,— DM
T1	**Flexible Fertigungssysteme** 17 IPA-Arbeitstagung zusammen mit der 3 Internationalen Konferenz „Flexible Manufacturing Systems (FMS-3)", ISBN 3-540-13807-2. 1984, 249 Seiten mit zahlreichen Abbildungen	118,— DM
T2	**Integrierte Bürosysteme** 3 IAO-Arbeitstagung ISBN 3-540-13978-8 1984, 633 Seiten mit zahlreichen Abbildungen	168,— DM
81	**Rechnerunterstützte Planung von Montageablaufstrukturen für Erzeugnisse der Serienfertigung** Von Ernst-Dieter Ammer ISBN 3-540-15056-0 1985, 120 Seiten mit 1 Faltblatt und 33 Abbildungen	63,— DM
82	**Flexibilität von personalintensiven Montagesystemen bei Serienfertigung** Von Heinrich Vahning ISBN 3-540-15093-5 1985, 152 Seiten mit 49 Abbildungen	63 – DM
83	**Ordnen von Werkstücken mit programmierbaren Handhabungsgeräten und Werkstückerkennungssensoren** Von Ingo Schmidt ISBN 3-540-15375-6 1985, 111 Seiten mit 66 Abbildungen.	63,— DM
84	**Systematische Investitionsplanung** Von Jorge Moser ISBN 3-540-15370-5 1985, 190 Seiten mit 69 Abbildungen	63 – DM
T3	**Montage · Handhabung · Industrieroboter** Internationaler MHI-Kongreß im Rahmen der Hannover-Messe '85 ISBN 3-540-15500-7 1985, 267 Seiten mit zahlreichen Abbildungen	128,— DM
85	**Flexible Montagesysteme – Konzeption und Feinplanung durch Kombination von Elementen** Von Peter Konold / Bernd Weller ISBN 3-540-15606-2 1985, 162 Seiten mit 71 Abbildungen und 9 Tabellen	63,— DM
T4	**Menschen · Arbeit · Neue Technologien** 4. IAO-Arbeitstagung zusammen mit der 2 Internationalen Konferenz „Human Factors in Manufacturing" ISBN 3-540-15763-8 1985, 442 Seiten mit zahlreichen Abbildungen	168,— DM
86	**Leitstandunterstützte kurzfristige Fertigungssteuerung bei Einzel- und Kleinserienfertigung** Von Lothar Aldinger ISBN 3-540-15903-7 1985, 151 Seiten mit 49 Abbildungen und 2 Tabellen	63,— DM
87	**Bestimmen des Bürstenverhaltens anhand einer Einzelborste** Von Klaus Przyklenk ISBN 3-540-15956-8 1985, 117 Seiten mit 74 Abbildungen	63,— DM
88	**Montage großvolumiger Produkte mit Industrierobotern** Von Jörg Walther ISBN 3-540-16027-2 1985, 125 Seiten mit 58 Abbildungen	63,— DM
89	**Algorithmen und Verfahren zur Erstellung innerbetrieblicher Anordnungspläne** Von Wilhelm Dangelmaier ISBN 3-540-16144-9 1986, 268 Seiten mit 79 Abbildungen	68,— DM
90	**Bewertung der Instandhaltung von Fertigungssystemen in der technischen Investitionsplanung** Von Hagen U Uetz ISBN 3-540-16166-X 1986, 129 Seiten mit 38 Abbildungen	68,— DM
91	**Entgraten durch Hochdruckwasserstrahlen** Von Manfred Schlatter ISBN 3-540-16172-4 1986, 167 Seiten mit 89 Abbildungen und 18 Tabellen	68 – DM
92	**Werkstückorientierte Verfahrensauswahl zum Gußputzen mit Industrierobotern** Von Wolfgang Sturz ISBN 3-540-16224-0 1986, 156 Seiten mit 59 Abbildungen	68 – DM
93	**Verfahren zur Verringerung von Modell-Mix-Verlusten in Fließmontagen** Von Reinhard Koether ISBN 3-540-16499-5 1986, 175 Seiten mit 46 Abbildungen und 1 Tabelle	68,— DM
94	**Entwicklung und Einsatz eines interaktiven Verfahrens zur Leistungsabstimmung von Montagesystemen** Von Gunter Schad ISBN 3-540-16978-4 1986, 120 Seiten mit 31 Abbildungen und 1 Tabelle	68 – DM

95 **Qualifizierung an Industrierobotern**
Von Wolfgang Bachl. ISBN 3-540-17018-9.
1986, 218 Seiten mit 30 Abbildungen. 68,– DM

96 **Rechnersimulation des Beschichtungsprozesses beim Elektrotauchlackieren – Anwendung zum Berechnen des Umgriffs**
Von Otto Baumgärtner. ISBN 3-540-17102-9.
1986, 113 Seiten mit 42 Abbildungen. 68,– DM

97 **Ergonomische Gestaltung von Rotationsstellteilen für grob- und sensomotorische Tätigkeiten**
Von Werner F. Muntzinger. ISBN 3-540-17247-5.
1986, 135 Seiten mit 51 Abbildungen und 33 Tabellen. 68,– DM

98 **Die optische Rauheitsmessung in der Qualitätstechnik**
Von R.-J. Ahlers. ISBN 3-540-17242-4.
1986, 133 Seiten mit 56 Abbildungen und 2 Tabellen. 68,– DM

99 **Maschinelle Spracherkennung zur Verbesserung der Mensch-Maschine-Schnittstelle**
Von Gerhard Rigoll ISBN 3-540-17350-1.
1986, 134 Seiten mit 55 Abbildungen. 68,– DM

100 **Konzeption und Auswahl modularer Magazinpaletten**
Von Thomas Zipse. ISBN 3-540-17584-9.
1987, 126 Seiten mit 54 Abbildungen. 68,– DM

101 **Anschlüsse an Kupferrohre – Herstellung und Automatisierungsmöglichkeit**
Von Eberhard Rauschnabel. ISBN 3-540-17807-4.
1987, 120 Seiten mit 88 Abbildungen. 68,– DM

102 **Mengen- und ablauforientierte Kapazitätsplanung von Montagesystemen**
Von Hans Sauer. ISBN 3-540-17815-5.
1987, 156 Seiten mit 64 Abbildungen. 68,– DM

103 **Verfahrensinstrumentarium zur Werkstückauswahl und Auslegung von Industrieroboterschweißsystemen**
Von Herbert Gzik. ISBN 3-540-17928-3
1987, 138 Seiten mit 56 Abbildungen. 68,– DM

104 **Integration von Förder- und Handhabungseinrichtungen**
Von Joachim Schuler. ISBN 3-540-17955-0.
1987, 153 Seiten mit 61 Abbildungen. 68,– DM

105 **Produktionsmengen- und -terminplanung bei mehrstufiger Linienfertigung**
Von H Kuhnle. ISBN 3-540-18038-9.
1987, 124 Seiten mit 25 Abbildungen. 68,– DM

106 **Untersuchung des Plasmaschneidens zum Gußputzen mit Industrierobotern**
Von Jong-Oh Park ISBN 3-540-18037-0.
1987, 142 Seiten mit 70 Abbildungen. 68,– DM

107 **Fügen von biegeschlaffen Steckkontakten mit Industrierobotern**
Von Daegab Gweon ISBN 3-540-18134-2
1987, 115 Seiten mit 13 Abbildungen. 68,– DM

108 **Entwicklung eines biomechanischen Modells des Hand-Arm-Systems**
Von Georgios Tsotsis. ISBN 3-540-18135-0.
1987, 163 Seiten mit 45 Abbildungen. 68,– DM

109 **Ein Beitrag zur Planungssystematik für die automatisierte flexible Blechteilefertigung**
Von Thomas Weber. ISBN 3-540-18136-9.
1987, 149 Seiten mit 56 Abbildungen. 68,– DM

110 **Entwicklung eines Meßverfahrens zur Bestimmung des Positionier- und Orientierungsverhaltens von Industrierobotern**
Von Günter Schiele. ISBN 3-540-18137-7.
1987, 116 Seiten mit 48 Abbildungen. 68,– DM

111 **Schwingungsbelastung beim Arbeiten mit handgeführten, einachsigen Motormähgeräten**
Von Peter Kern. ISBN 3-540-18193-8
1987, 145 Seiten mit 43 Abbildungen und 5 Tabellen 68,– DM

112 **Entwicklung eines berührungslosen Tastsystems für den Einsatz an Koordinatenmeßgeräten**
Von Hie-Sik Kim ISBN 3-540-18578-X
1987, 111 Seiten mit 62 Abbildungen und 4 Tabellen. 68,– DM

113 **Qualifizierung an Industrierobotern – Ziele, Inhalte und Methoden**
Von Volker Korndörfer. ISBN 3-540-18618-2.
1987, 318 Seiten mit 100 Abbildungen. 68,– DM

114 **Funktional und räumlich variables und modulares Laborgerätesystem**
Von Alfred Mack ISBN 3-540-18786-3.
1988, 116 Seiten mit 39 Abbildungen 73,– DM

115 **Produktrecycling im Maschinenbau**
Von Rolf Steinhilper. ISBN 3-540-18849-5.
1988, 167 Seiten mit 50 Abbildungen 73,– DM

116 **Integration der montagegerechten Produktgestaltung in den Konstruktionsprozeß**
Von Rudolf Bäßler. ISBN 3-540-19058-0.
1988, 133 Seiten mit 49 Abbildungen. 73,– DM

117 **Ein Algorithmus zur kapazitätsorientierten Bildung von Losen**
Von Tilmann Greiner ISBN 3-540-19300-6
1988, 135 Seiten mit 37 Abbildungen 73,– DM

118	**Kabelbaummontage mit Industrierobotern** Von Gerd Schlaich. ISBN 3-540-19301-4. 1988, 131 Seiten mit 62 Abbildungen.	73,— DM
119	**Beitrag zur Verbesserung der Fertigungskostentransparenz bei Großserienfertigung mit Produktvielfalt** Von Albrecht Köhler. ISBN 3-540-19393-6. 1988, 148 Seiten mit 72 Abbildungen.	73,— DM
120	**Entwicklungs- und Planungshilfen zum Aufbau von flexiblen Ordnungssystemen** Von Rainer Schanz. ISBN 3-540-19394-4. 1988, 104 Seiten mit 48 Abbildungen.	73,— DM
121	**Bestücken von Leiterplatten mit Industrierobotern** Von Ernst Wolf. ISBN 3-540-50013-8. 1988, 132 Seiten mit 63 Abbildungen.	73,— DM
122	**Verschleißvorgänge beim Querschneiden dünner Bahnen** Von Thomas Hülsmann. ISBN 3-540-50049-9. 1988, 126 Seiten mit 47 Abbildungen und 5 Tabellen.	73,— DM
123	**Geometrieprüfung in der Fertigungsmeßtechnik mit bildverarbeitenden Systemen** Von Claus P. Keferstein. ISBN 3-540-50050-2. 1988, 128 Seiten mit 53 Abbildungen.	73,— DM
124	**Modulares Simulationsmodell für die Abläufe in verketteten Fertigungszellen mit Industrierobotern** Von Kum-Hoan Kuk. ISBN 3-540-50069-3. 1988, 130 Seiten mit 57 Abbildungen.	73,— DM
125	**Montage von Schläuchen mit Industrierobotern** Von Bruno Frankenhauser. ISBN 3-540-50072-3. 1988, 139 Seiten mit 63 Abbildungen.	73,— DM
126	**Kommissioniersystem mit Roboter und Mehrstückgreifer** Von Klaus Baumeister. ISBN 3-540-50133-9. 1988, 104 Seiten mit 53 Abbildungen.	73,— DM
127	**Sensorunterstütztes Programmierverfahren für das Entgraten mit Industrierobotern** Von Dieter Boley. ISBN 3-540-50175-4. 1988, 128 Seiten mit 67 Abbildungen.	73,— DM
128	**Die Arbeitsraumgestaltung manueller Montagearbeitsplätze mit graphischen und wissensbasierten Methoden** Von Klaus Lay. ISBN 3-540-50259-3. 1988, 129 Seiten mit 50 Abbildungen und 7 Tabellen.	
129	**Automatisierung des Biegerichtens** Von Stefan Thiel. ISBN 3-540-50432-X. 1988, 142 Seiten mit 57 Abbildungen und 5 Tabellen.	
130	**Rechnergestützte Verfahren zur Auslegung der Mechanik von Industrierobotern** Von Martin-Christoph Wanner. ISBN 3-540-50640-3. 1989, 202 Seiten mit 80 Abbildungen.	
131	**Entwicklung eines bestandsorientierten Fertigungssteuerungssystems für die Großserienfertigung am Beispiel des Automobilbaus** Von G. Hachtel. ISBN 3-540-50639-X. 1989, 163 Seiten mit 34 Abbildungen und 6 Tabellen.	73,— DM
132	**Ergonomische Gestaltung der Benutzerschnittstelle am Antriebssystem des Greifreifenrollstuhls** Von Ludwig Traut. ISBN 3-540-50877-5. 1989, 210 Seiten mit 127 Abbildungen.	73,— DM
133	**Planung taktzeitoptimierter flexibler Montagestationen** Von Joachim Schöninger. ISBN 3-540-50896-1. 1989, 122 Seiten mit 47 Abbildungen.	73,— DM
134	**Ein Modell für ein integriertes Qualitäts- und Prüfplanungssystem in der Montage** Von Josef R. Kring. ISBN 3-540-51195-4. 1989, 140 Seiten mit 60 Abbildungen.	73,— DM
135	**Fertigungsstrukturierung auf der Basis von Teilefamilien** Von Manfred Auch. ISBN 3-540-51290-X. 1989, 138 Seiten mit 34 Abbildungen.	73,— DM
136	**Kollisionsbehandlung als Grundbaustein eines modularen Industrieroboter-Off-line-Programmiersystems** Von Andreas Altenhein. ISBN 3-540-51418-X. 1989, 129 Seiten mit 53 Abbildungen	73,— DM
137	**Ein Beitrag zur Planung und Bewertung Neuer Arbeitsstrukturen in NE-Metallgießereien Dargestellt am Beispiel der Fertigungsinsel** Von Horst Nespeta. ISBN 3-540-51419-8. 1989, 157 Seiten mit 58 Abbildungen.	73,— DM
138	**Verfahren zur Prüfung der Partikelkontamination in Versorgungssystemen für hochreine Flüssigkeiten** Von Rolf Herz. ISBN 3-540-51457-0. 1989, 123 Seiten mit 61 Abbildungen.	73,— DM
139	**Messung gekrümmter Flächen mit berührungslosen Verfahren** Von Leo Schreiber. ISBN 3-540-51493-7 1989, 119 Seiten mit 72 Abbildungen.	73,— DM
140	**Automatisiertes Lackieren mit steuerbaren Spritzpistolen** Von Konrad A. Ortlieb. ISBN 3-540-51518-6. 1989, 121 Seiten mit 45 Abbildungen	73,— DM

141	**Grundlagen zur Entwicklung reinraumtauglicher Handhabungssysteme** Von Jürgen Geißinger. ISBN 3-540-51959-9. 1989, 124 Seiten mit 82 Abbildungen.	73,– D
142	**CAD-Video-Somatographie** **Entwicklung und Bewertung einer Methode zur anthropometrischen Arbeitsgestaltung** Von Dieter Lorenz. ISBN 3-540-52163-1. 1989, 169 Seiten mit 61 Abbildungen.	73,– D
143	**Eine Systemarchitektur für die Gestaltung und das Management verteilter Informationssysteme** Von Andreas J. Ness. ISBN 3-540-52224-7. 1990, 203 Seiten mit 62 Abbildungen.	78,– D
144	**Untersuchungen über den optisch-physiologischen Eindruck der Oberflächenstruktur von Lackfilmen** Von Horst Schene. ISBN 3-540-52226-3. 1990, 149 Seiten mit 106 Abbildungen.	78,– D
145	**Planungsmethodik für ein Qualitätskostensystem** Von Alfred Rauba. ISBN 3-540-52477-0. 1990, 166 Seiten mit 73 Abbildungen.	78,– D
146	**Kleinserienbestückung von Leiterplatten mit bedrahteten Bauelementen durch Industrieroboter** Von Martin Domm. ISBN 3-540-52867-9. 1990, 106 Seiten mit 48 Abbildungen.	78,– D
147	**Sensor- und Steuerungssystem für die leitlinienlose Führung automatischer Flurförderzeuge** Von Gerhard Drunk. ISBN 3-540-53033-9. 1990, 135 Seiten mit 52 Abbildungen.	78,– D
148	**Ein System zur wissensbasierten Diagnose an CNC-Werkzeugmaschinen durch den Maschinenbediener** Von Klaus-Peter Fähnrich. ISBN 3-540-53034-7. 1990, 132 Seiten mit 48 Abbildungen und 18 Tabellen.	78,– D
149	**Werkstückbegleitender Informationsspeicher als Basis für ein informationstechnisches Konzept für Halbleiterfertigungen** Von Klaus-Dieter Sauter. ISBN 3-540-53236-6. 1990, 115 Seiten mit 55 Abbildungen.	78,– D
150	**Ein Planungsverfahren zur Erkennung und Bewältigung von Material- und Kapazitätsengpässen bei mehrstufiger Linienfertigung** Von Ralf-Michael Fuchs. ISBN 3-540-53271-4. 1990, 176 Seiten mit 65 Abbildungen.	78,– D
151	**Montage von Schrauben mit Industrierobotern** Von Gernot E. Fischer. ISBN 3-540-53519-5. 1990, 97 Seiten mit 37 Abbildungen.	78,– D
152	**Flächenorientierte Termin- und Kapazitätsplanung bei innerbetrieblicher Baustellenfertigung** Von Rolf Schlauch. ISBN 3-540-53584-5. 1990, 130 Seiten mit 53 Abbildungen.	78,– D
153	**Wissensbasierte Entscheidungsunterstützung bei der Auswahl von Industrierobotern** Von Günter Jordan. ISBN 3-540-53744-9. 1991, 116 Seiten mit 49 Abbildungen.	78,– D
154	**Simulationssystem für Fertigungsprozesse mit Stückgutcharakter** **Ein gegenstandsorientiertes System mit parametrisierter Netzwerkmodellierung** Von Bernd-Dietmar Becker. ISBN 3-540-53847-X. 1991, 162 Seiten mit 48 Abbildungen und 47 Tabellen.	78,– D
155	**Algorithmen der Sprachverarbeitung zur Entwicklung eines vollsynthetischen Sprachausgabesystems** Von Gerhard Rigoll. ISBN 3-540-53870-4. 1991, 321 Seiten mit 235 Abbildungen.	78,– D
156	**Wissensbasierte CAD-Systemkomponente zum Entwurf montagegerechter Produkte** Von Ralph Richter. ISBN 3-540-54725-8. 1991, 137 Seiten mit 56 Abbildungen.	78,– D
157	**Heftschweißverfahren für das Lagefixieren von Werkstücken beim Schutzgasschweißen mit Industrierobotern** Von Carsten Martin Claussen. ISBN 3-540-54951-X. 1991, 140 Seiten mit 43 Abbildungen.	78,– D
158	**Ein Beitrag zur Meßdatenverarbeitung in der Koordinatenmeßtechnik** Von Thomas Garbrecht. ISBN 3-540-55030-5. 1991, 135 Seiten mit 94 Abbildungen und 5 Tabellen.	78,– D
159	**Ein Beitrag zur Planung und Optimierung der Verfahrensteilung in der Fertigung** Von Hans - Peter Roth. ISBN 3-540-55113-1. 1992, 130 Seiten mit 50 Abbildungen.	78,– D
160	**Flexible Montage von Leitungssätzen mit Industrierobotern** Von Herbert H. Emmerich ISBN 3-540-55227-8. 1992, 135 Seiten mit 70 Abbildungen.	88,– D
161	**Toleranzausgleichssysteme für Industrieroboter am Beispiel des feinwerktechnischen Bolzen-Loch-Problems** Von Uwe Schweigert ISBN 3-540-55228-6. 1992, 119 Seiten mit 61 Abbildungen.	88,– D
162	**Entwicklung eines interaktiven Simulators auf der Basis von Petri-Netzen zur Modellierung und Bewertung hybrider Montagestrukturen** Von W. Schweizer ISBN 3-540-55229-4. 1992, 159 Seiten mit 76 Abbildungen.	88,– D

163 **Entwicklung eines Verfahrens zur rechnerunterstützten Gestaltung verteilter Informationssysteme**
Von Friedemann Reim ISBN 3-540-55269-3.
1992, 151 Seiten mit 43 Abbildungen. 88,– DM

164 **EDV-gestützte Planungs- und Entscheidungshilfen zur Auslegung von Produktionsstrukturen mit strukturkostenoptimierten Dezentralen Verantwortungsbereichen**
Von Ulrich Hallwachs ISBN 3-540-55477-7.
1992, 186 Seiten mit 66 Abbildungen. 88,– DM

165 **Strömungstechnische Auslegung reinraumtauglicher Fertigungseinrichtungen**
Von Elmar Degenhart ISBN 3-540-55478-5.
1992, 137 Seiten mit 72 Abbildungen. 88,– DM

166 **Synthese und Simulation dreidimensionaler Hand-Arm-Bewegungen an manuellen Montagearbeitsplätzen**
Von Raimund Menges ISBN 3-540-55752-0.
1992, 215 Seiten mit 70 Abbildungen. 88,– DM

167 **Bewertung inhomogener fraktaler Strukturen und Skalenanalyse von Texturen**
Von Uwe Müssigmann ISBN 3-540-55796-2.
1992, 99 Seiten mit 43 Abbildungen. 88,– DM

168 **Ein Informationssystem für Instandhaltungsleitstellen**
Von Wilfried Sihn ISBN 3-540-55853-5.
1992, 167 Seiten mit 67 Abbildungen. 88,– DM

169 **Verfahren zum automatischen Palettieren von quaderförmigen Packstücken im beliebigen Sortenmix**
Von Walter Michael Strommer ISBN 3-540-55922-1.
1992, 105 Seiten mit 47 Abbildungen. 88,– DM

Die Bände sind im Erscheinungsjahr und in den folgenden drei Kalenderjahren zu beziehen durch den örtlichen Buchhandel oder durch Lange & Springer, Otto-Suhr-Allee 26-28, 1000 Berlin 10.

MIX
Papier aus verantwortungsvollen Quellen
Paper from responsible sources
FSC® C105338

If you have any concerns about our products,
you can contact us on
ProductSafety@springernature.com

In case Publisher is established outside the EU,
the EU authorized representative is:
**Springer Nature Customer Service Center GmbH
Europaplatz 3, 69115 Heidelberg, Germany**

Printed by Libri Plureos GmbH
in Hamburg, Germany